U0155256

SPACE EXPLORATION
A History in
100 Objects

观空

改变世界的 100 个太空发明

SPACE
EXPLORATION
A History in 100 Objects

[美] 施滕·奥登瓦尔德——著　支挥——译　[美] 约翰·马瑟——序

北京联合出版公司
Beijing United Publishing Co.,Ltd.

谨以此书献给我的妻子苏珊，

以及我的女儿们，艾米丽和斯塔西娅。

CONTENTS

目录

FOREWORD
序言

　　这本书充满了迷人的历史故事，当然，你可以按照任意顺序来享受阅读本书的快乐。但是，如果你想丈量一遍人类探索太空的历程，最好从头开始逐章阅读。施滕·奥登瓦尔德在每一页的文字中都为你准备了惊喜——从最开始的第一章，一块看似普通的石块出发，回溯数万年的时光；它可能看起来有些微不足道，却为随后所有的重大突破铺平了道路。本书的每一章都是一篇精彩而有趣的短文，这些章节连在一起讲述了一个令人叹为观止的故事。这个故事始于早期人类记录日历、勘察田野；随后短短几千年，人类就遍布并生活在地球各个角落，探索这个世界的一切；后来，人类建造各式望远镜，试图揭示宇宙的奥秘。奥登瓦尔德不只是在描述这些物品，他是在我们对这些物品理解不断深入的过程中，编织我们与这些物品的历史。在本书中，你可以看到天文学家们使用的专业工具，例如，星图和星表、计算器和地图、望远镜和人造卫星以及探索太阳系的机器人探测器。你也会看到一些貌似与太空旅行领域无关，但在生活中常见的简单物品，如O形橡胶圈——你可以在花园的水管和水肺潜水装备[1]中找到它的身影，它同时也被用作火箭（固态）燃料助推器分段之间的密封圈。作者之所以把它记录在书中，是因为O形橡胶圈需要为人类探索太空历史上可能最为严重的悲剧——"挑战者号"航天飞机事故负责。而与O形橡胶圈这样简单的事物相对的另一个极端则是大型强子对撞机，它被认为是有史以来人类建造的最复杂的机器，并直接改变了我们对宇宙形成方式的理解。

读完本书，你会对人类创造力的加速发展产生一种强烈的意外感——前两件标志性物品的发明前后间隔了3万多年，而最后两件物品问世仅相隔几年。这个事实很明确地告诉我们：我们人类可以完成想做的任何事情（或者获得任何资源）。尽管在这一过程中会面临很多挑战，但是这100个"成就"摆在面前，我们不禁想问：我们能做的，是否有一天会迎来极限？

约翰·马瑟

2019年4月

约翰·马瑟因其在测量宇宙大爆炸方面的研究成果获得了2006年诺贝尔物理学奖，他也是詹姆斯·韦伯空间望远镜（JWST）的高级项目专家。JWST是哈勃空间望远镜的继任者。

INTRODUCTION

前言

如果宇宙不是浩瀚无垠的，那它就一无是处了。宇宙的历史也很长——我们目前对宇宙年龄的最准确估计是将近 140 亿年。与宇宙难以理解的规模相比，人类探索和了解太空的短暂历史似乎微不足道，甚至可以忽略不计。除此之外，宇宙中绝大多数的东西对我们来说仍然是完全未知的。

但这并没有让我们停下探索的脚步。我们发现了宇宙的本质及其随时间演变的规律，而这也许是人类能讲述的最为壮观的故事之一。考古学的证据表明，在数万年（甚至更长）的时间里，好奇心驱使我们去思考超出我们物质世界的领域，同样重要的是记录我们的发现——这些发现也是我们从研究古代文明遗留下的造物中渴望得到的答案。当我们回顾人类太空探索的历史时，首先想到的可能不是古代的月历、星钟、水晶透镜或其他史前文物，但如果没有它们，就不会有人类探索太空的历程。

总而言之，本书不是一本普通的介绍太空的图书。这本书中展示的 100 件物品并非我们已经熟悉的最伟大的作品，而是改变人类探索宇宙的历史进程使用的主力工具和扭转"游戏规则"的技术手段。但在很多案例中，它们甚至连家喻户晓的名字都没有。

然而，从人类的太空历史中选出100件最具代表性的物品几乎是一项不可能完成的任务，这不仅是因为人们可以轻而易举地用那些值得了解的非凡事物灌满数千页篇幅，而且按照这些事物的相对重要性进行排序本身就是一种内在的臆断。不过，我是一名科学家，所以我选择了一些代表重大科学发现的工具和仪器——它们展示了物理学和工程学为人类理解宇宙运行方式带来的巨大飞跃，也体现了人类在空间技术方面具有的创造精神。

每个人都知道，尼尔·阿姆斯特朗在月球上踏出了第一步——但是，如果没有太空服，那他将不得不一直待在月球着陆器里。我们都见过这张地球升起的标志性照片：从一个遥远的视角看我们的地球从月球表面升起——倘若没有哈苏相机，那宇航员就无法拍下这张照片。

本书中这样的例子不胜枚举。这100件物品让人类的太空探索面貌焕然一新。而且其中大多数物品——保守一点讲——多数都是你从未听说过的标志性物品。它们清楚地展现出我们在探索更深、更远的宇宙方面取得的长足进步——因为在每一个新发现的背后，都有这么一件物品，扩大了我们对太空的理解，赋予了我们无限的想象力，并丰富了我们内在的智慧。

施滕·奥登瓦尔德

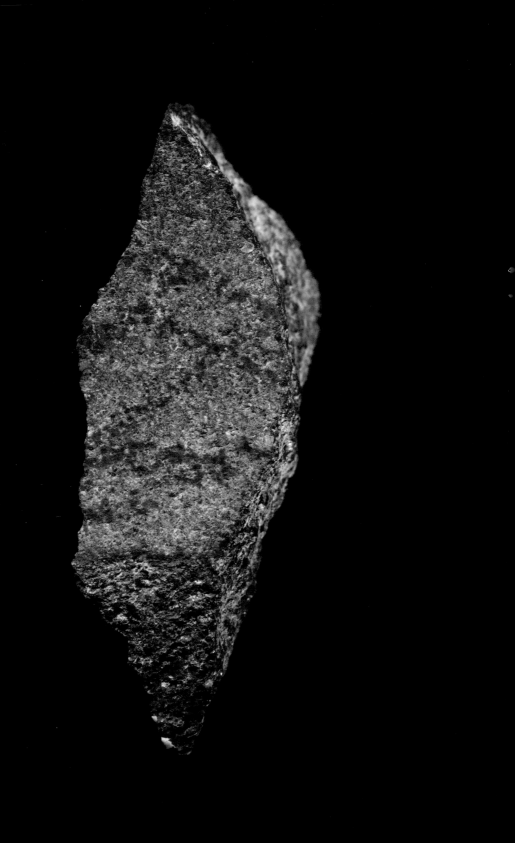

布隆伯斯洞穴的赭石画作

人类理解宇宙的第一步

约公元前 71000 年

想更深入地了解宇宙，我们必须回到人类足迹尚未涉足太空的上古时期，开始旅程的第一步。浩瀚无垠的宇宙远远超出了人类能感受到的有形世界，以至于为了思考它，我们必须学会如何把日常的事物转化为符号和抽象概念。由于我们渴望了解的宇宙，其尺度远超任何一个人类个体的大脑思考水平和生命周期长度，因此，我们必须学会通过记录我们学到的知识来建立一个世代相传的知识体系，并传承给后世的探索者，这样我们才能在探索宇宙方面取得真正的进步。我们并不知道，在我们的祖先发明一种能够描绘宇宙恢宏壮阔的语言之前，他们掌握了什么；但是，我们至少可以找到些许线索，揭示先祖们是如何走上一条最终使他们对自己的世界有了定量理解的道路。

1991 年，在南非开普敦东部 306 千米处的布隆伯斯洞穴中，考古学家克里斯托弗·亨希尔伍德（现在就职于卑尔根大学）和他的团队发现了石器时代的智人遗迹，这些遗迹最早可追溯到公元前 10 万年。布隆伯斯洞穴曾多次被占领，每批居民都留下了贝壳、矛头和一些骨制工具，但其中最值得注意的文物是在洞穴被发现 20 年后找到的。当时一位正在清理文物的研究人员偶然发现了一块长 3.8 厘米、宽 1.3 厘米的小石片，石片上覆盖着明显的红线。最终，亨希尔伍德的团队断定，这些线条是在大约 73000 年前，由赭石这种天然颜料制作的"蜡笔"涂抹而成。至于绘制这些线条的人究竟想表达什么，我们就无从得知了。但是，这些纵横交错的标记似乎是有意为之，以至于许多考古学家都将其解释为一种刻意的视觉表达，这也使这块小石片成为人类最早的手工绘制画作。

无论这些涂抹出的线条想表达什么意思，都无法否认这个简单图案的重要性。这一图案给了我们直面符号起源的机会，而正是因为有了符号，语言和数学才成为可能。从某种意义上来讲，这些简单图案的诞生意味着人类创造力的巨大飞跃，随之而来的就是知识爆炸的起点。最终，我们把抽象思维转向了星空：一些专家认为，可追溯到距今 2 万年前的法国拉斯科洞窟壁画中那些栩栩如生的动物、人物和点阵图案，正是代表了黄道带上的星座。在我们今天的概念中，黄道带是太阳和行星周年运动经过的星座组成的条带。如果上述推测属实，那么我们的祖先就已经算是敏锐的星空观察者了。

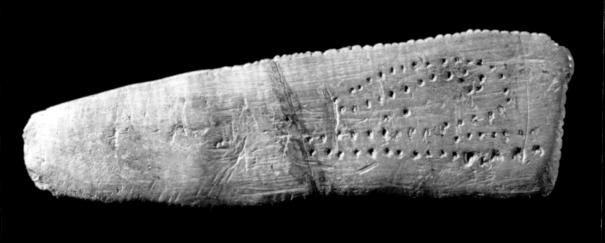

2

阿布里布兰查德[2]骨牌

古代的月相周期表

约公元前 30000 年

我们的史前祖先过着漂泊不定的生活。当3万年前的猎人们无法搞定下一餐时，他们可能会花费大量时间来追踪作为主要食物来源的动物们是如何迁徙的。动物们会随着季节更替和当地气候及温度的变化而迁徙，它们食用的植物和浆果也遵循四季的节奏生长。

但是上述这些与探索宇宙有什么关系呢？可以说，正是因为史前人类的食物来源难以预测，才迫使他们发展初步的科学知识，作为一种试图预测自然的工具。毫无疑问，我们的祖先探索了他们生活的环境，寻找其中循环往复的现象，并以此为基础预见自然界的规律。

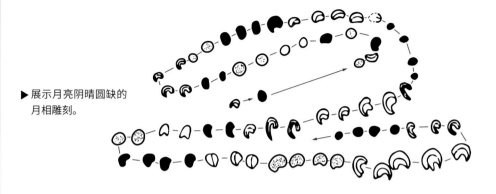

　　也许这些史前人类能找到的最变化多端且显而易见的周期现象就在他们头顶：月亮的形状似乎会在 29 天左右的时间内发生变化，随后重新开始这一循环；太阳每次都从一个方向（东方）升起，然后在相反的方向（西方）落下，且永远不会颠倒过来；天空中的繁星组成了固定的图案，每月不断地整体向西滑动；今天我们说的猎户座，看起来一直都是这样的形状，天蝎座也是如此；每天晚上，整个天空似乎都围绕着一个固定的点旋转，而北极星可靠地指出了这个点的方向，并成为寒夜中渴望温暖和仲夏夜期望避暑之人的可靠灯塔。

　　我们无法得知先祖们如何看待天体运动的意义，但我们可以通过翔实的考古学证据断定，他们早在公元前 30000 年就借助鹿角等载体，仔细地重现了月亮的形状和以 29 天月相周期为基础的计数系统。也许这类文物中最引人注目的就是阿布里布兰查德骨牌，这件文物由发现它的法国南部史前洞穴遗址"布兰查德"而得名。这块骨牌平整的骨片上刻着一列凹槽，这些凹槽的形状在代表新月的"缺口"和代表满月的"圆形"之间逐渐变化。

　　有些专家甚至进一步解读了这组图案序列，他们认为这些标记每 7 个为一组，分别从新月形到半圆形，从半圆形到圆形，从圆形到半圆形，最后再次回归新月形[3]。这只是一种可能的理论，但无论如何，这块骨牌的存在就是一个有说服力的证据，即我们的祖先认为，对于一种可预测的周期性自然现象，建立永久的记录十分重要——这种思想为日后繁盛的科学发现和进步奠定了基础。

▲ 埃及艾斯尤特出土的第十一王朝
木棺，其棺盖上绘制着星钟。

3

埃及人的星钟
量化天空的第一步

公元前 2100 年

古埃及人都是熟练的计时员，他们留下了大量相关文物，每一件都可以被认为是人类理解恒星和太阳运动的重要里程碑。例如，那些在 4000 年前或者更早时期建成的方尖碑，它们可以通过阳光下的影子显示时间的推移，而其与卢克索附近帝王谷出土的公元前 13 世纪文物——目前已知最早的日晷——之间，并没有出现较大的技术飞跃。

但是，到了公元前 2100 年左右，制作这么多日晷就没什么必要了，因为古埃及人已经研究出了一种别具匠心的计时系统——黄道十度分度[4]。黄道十度分度是指用一系列连续的 36 个星座，来记录一天中的每小时和一年中的每一天。每隔十天的日出时分，就能看到一个新的十分度星座出现在天空中[5]；除此之外，古埃及人还添加了 5 个节日，用来补齐完整的一年。新一年的到来以第一个十分度升起为标志，而这个十分度的主星便是天狼星，它的升起预示着尼罗河最重要

的阶段——孕育生命的洪水期即将来到。由于地球自转的缘故，到了晚上，每隔40分钟就会有一个新的十分度升起[6]，这样就定义了一个"十分度小时"。古埃及人的黄道十度分度历法系统的起源甚至可以追溯到公元前2100年之前，这大概是现存最古老的历法了。

十分度星钟最早于古埃及第十王朝（约公元前2160—公元前2040）期间开始出现在棺材盖上。古埃及人并不关心十分度星座的详细形状，他们往往用一个有36列的简单星形象形文字列表来代表星座，其中每一列都用十分度星座中最明亮的主星作为对照。上图中的棺材盖板来自一位杰出的古埃及官员伊迪的坟墓中，出土于尼罗河中部沿岸城市艾斯尤特，年代为第十一王朝时期。十分度星座图案整齐地排列成行，几乎横跨整个棺材盖板。

另一个证明古人沉迷于研究星空的例子就是星钟，它代表了人类跟踪和预测天体运行周期能力的巨大飞跃。此外，棺材上的十分度星座图则是第一次有文献记载的、尝试以量化形式记录我们在夜空中能看到的东西——而这正是未来几千年，现代天文学和天体物理学的基础。

▲ 现存最早的日晷出土于埃及卢克索的帝王谷，时间约为公元前13世纪。

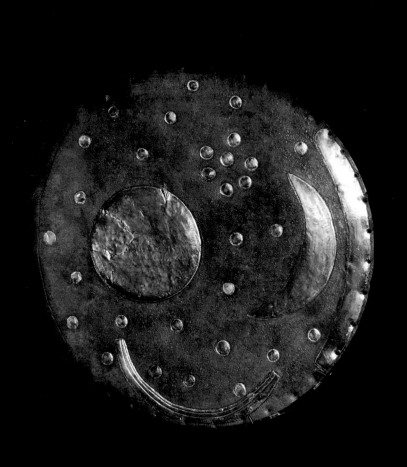

4

内布拉星象盘
掌上天象仪

公元前 1600 年

这枚青铜圆盘名为"内布拉星象盘",直径 30 厘米,重量略低于 2 千克,因其造型过于独特,人们最初认为这枚星象盘是伪造的。1999 年,两名"宝藏猎人"在德国中部的一个森林中发现了它,然后将它非法运走并卖给了科隆的一个商人。2002 年,在萨克森 - 安哈尔特州警方的多次执法行动中,这枚星象盘被参与行动的该州考古专家发现并寻回,目前藏于德国哈雷的州立史前史博物馆[7]中。

专家们仔细研究了这个圆盘上的绿色铜锈,发现它根本不是伪造的,而是一个非常古老的人工制品。在发掘现场附近发现的一块桦树皮经放射性碳同位素测年法鉴定,表明其埋藏年代在公元前 1600 年到公元前 1560 年之间。不过从技术层面分析,内布拉星象盘有可能是在被制作出来后几十年甚至几百年才被掩埋的。内布拉星象盘固然是一件令人惊叹的艺术品,但真正让它成为人类太空探索史上一座里程碑的原因,是星象盘上的许多关键细节似乎超越了青铜时代的工艺水平。

这枚精雕细刻的圆盘可以用来精确地描述天文观测。首先,人们制作出了一个圆形的盘子来代表满月或太阳的形状,一弯月牙和圆点代表的星空以及 7 颗代表昴宿的圆点组成的昴星团——这也是肉眼最容易看到的星团;其次,是 2 个张角大约为 82° 的弧形物,这个角度大致与星盘发掘地所处纬度在夏至和冬至时的日落方位相吻合。众所周知,像英国巨石阵这样巨大的史前纪念碑似乎是严格按照天象排列建造的,因此,我们可以认为我们的祖先在几千年前就已经能够精确地记录太阳和月亮的运动了。不过,内布拉星象盘是最早追踪二至点[8]的便携设备,这表明在青铜时代的古人日常生活中,对天空中运动的感知已经成为必不可少的一步,这或许是为了帮助管理农作物的生产。

因为内布拉星象盘独特的外观,它也被视为人类太空史中的一座里程碑。而这正是人类最早的,关于太阳、月亮和星空的忠实描绘。

5

阿米萨杜卡的
金星泥板
现代天文学文献之源

公元前 1500 年

阿米萨杜卡[9]的金星泥板，是现存的古巴比伦天象观测记录《当天神和恩利勒神》[10]中的第 63 篇，用楔形文字（楔形文字是世界上第一个书写系统）记录了作者在 21 年间对金星的观测情况——包括这期间金星升起的次数，日出或日落时第一次和最后一次看到金星的地平高度。这是泥板上记录的第一年的具体节选："金星在细罢特月[11]的第 15 天落下，在 3 天后的第 18 天升起"。这块泥板现藏于大英博物馆，约高 18 厘米、宽 10 厘米，是出土于亚述巴尼拔[12]图书馆众多楔形文字石板之一，也是 19 世纪 50 年代在伊拉克尼微出土的 3 万多件文物之一。

阿米萨杜卡是古巴比伦第一王朝的国王，也是继汉谟拉比之后统治古巴比伦的第四任国王，他在位期间，古巴比伦享受了 21 年的和平时光。金星在古巴比伦神话中扮演着十分重要的角色，与掌管爱、性、战争、生育和政治权力的女神伊斯塔相联系。预测金星的出没规律对于帮助国王占卜吉凶至关重要，为此就需要对金星进行详尽的观察和记录。

金星泥板是一部非凡的天文学基础著作，它预测了 20 多年间金星的出没规律，这也是人类认识到天文现象会定期重现的已知最早证据。当然，为了做出这种预测还需要一定的数学基础——这也创下了人类历史上的另一个第一。对于现代天文学的发展而言，这两个突破性的"首次"缺一不可。

6

赛内姆特的星图
仔细临摹夜空

▶ 赛内姆特墓穴天花板的一个拓片。

公元前 1483 年

虽然观测和了解宇宙的技术无比敏锐，但从某种意义上讲，我们却陷入了宇宙观念的"黑暗时代"——很多人终其一生也没有花太多时间抬头看看繁星。或许我们将如今的时代称为"光明时代"更贴切，因为城市化的发展和人工照明的普及，让地球鲜有不受光污染影响的角落。对于那些还在坚持仰望星空的人，光污染让夜空变成一片毫无细节的辉光，已经没有以前那么多可看的东西了。

这样看来，古埃及建筑师赛内姆特绘制的星图代表了星空文化融入日常生活的巅峰时期，其对天空的详细描绘，揭示了古埃及人心中构成一切的行星和恒星。

赛内姆特在法老图特摩斯二世[13]统治期间开始为皇家服务，在哈特谢普苏特女王[14]继位后继续担任皇家总管，被认为是女王位于巴哈利山谷中华丽陵寝的建筑师。在赛内姆特尚未完工的墓室天花板上绘制了大量精美绝伦的星图，这些星图总结了古埃及人在第十八王朝时期对星空和历法的所有见解，最令人印象深刻的是其中两块天花板的星座细节。顶部面板中央的 3 颗几乎垂直的恒星代表猎户座的"腰带"（古埃及人称猎户座为欧西里斯[15]），也就是乘着船的欧西里斯；他的妹妹（也是他的妻子）伊希斯[16]（天狼星）位于左边一列，头上戴着两根羽毛做成的王冠；在伊希斯和海龟所处的列之间，是欧西里斯和伊希斯之子荷鲁斯[17]的两个形象，代表木星和土星；最左边一列则是一只驮着金星的贝努鸟[18]。

献给赛内姆特的五行祷词将上下天花板分隔开来。在这些祷词下方是第二块面板，绘有 12 个圆，由于其几何造型独特，它们成了整个天花板中上镜率最高的部分。这些圆圈代表阴历一年的 12 个月，每个圈又被划分为 24 个区域，大致对应每天。在下部面板的中央垂直绘制了部分拱极星座。最上面的是公牛图案，可以通过尾部的恒星辨识出来指的是大熊座；公牛盯着手持长矛的鹰首人身神阿努[19]，代表的可能是天鹅座。底部则是一幅更为复杂的画，画面中一个人正在与鳄鱼搏斗，其中的恒星与小熊座和天龙座的一部分相关；而右侧那个背上背着一条鳄鱼、长得像河马的人物就是伊西斯 - 贾穆特，他占据的天区就是现在的牧夫座、天琴座、武仙座和一部分的天龙座。

这些图画就像古埃及天文学的"罗赛塔石碑"，没有它们，我们无从得知古埃及人的宇宙观，和他们如何看待恒星和行星这些问题之间的关系。最主要的是那与神明交织在一起的时间观念，正是这些形形色色的神明，主导着古埃及人生活的方方面面。

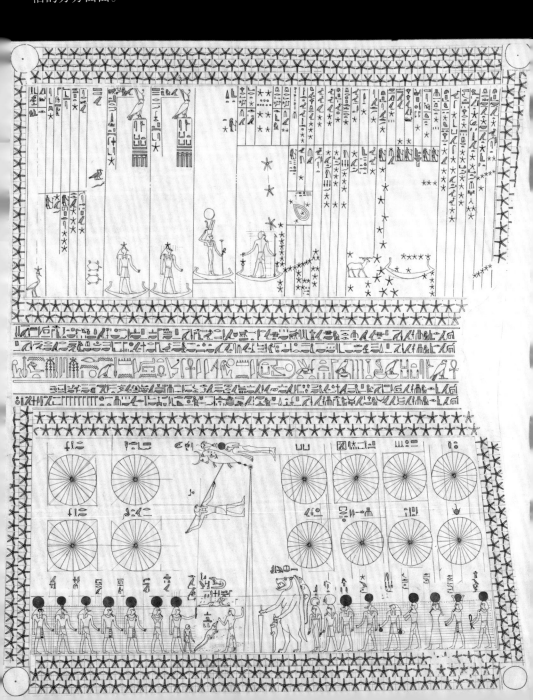

7

麦开特
天文学与工程学的结晶

公元前 1400 年

当我们回溯更古老的时代，会发现我们对祖先的了解愈发浅显。随着时间的流逝，他们留下的许多东西都被磨损毁坏，而一个文明的纪念碑则是为数不多能够幸存下来的人造物，因为纪念碑就是为了留存千古而建的。从古埃及的遗迹中我们可以推断，先民们使用了某种测量仪器来确保建筑物的直线和角度是正确的。例如，金字塔的三角形侧面倾斜角度为 52°——这一角度也被称为"谢特"（seked）[20]，其精确程度表明古埃及人在建造金字塔的过程中使用了一些三角测量仪器或者脚手架。但是这些仪器通常是用木头和绳子做成的，很容易腐烂，所以大多数都在漫长的时光中朽坏了。

幸运的是，考古学家从古墓中发现了一些幸存的证据，并进行了复原。其中最基础的工具是方板、铅锤和方形水平仪，它们均出土自埃及第十九王朝时期的工匠赛内珍姆[21] 位于戴尔·梅迪纳[22] 的墓穴中，目前保存在开罗的埃及博物馆。

古埃及人曾使用这些工具在砖石上加工直角，并平整建筑工地，为陵寝或者纪念碑的施工做准备。这些工具后来逐渐演变为能够更加精确地测量天空中恒星位置的天文仪器。

这些工具中最引人注目的便是"麦开特"，本意是"知识的工具"，它由一根木条和一根拴有重物的绳子组成，可以挂在地上来确定建筑物的轴线是否与天文坐标对齐。

但更重要的是，麦开特可以计量夜间时间的流逝。这需要同时使用两件麦开特，一件用来对准北极星，另一件则与子午线重合，从而通过跟踪横跨子午线的恒星运动来记录时间的流逝。古代文献中还提到了另一种配合麦开特使用的工具，可以用来指示北方或者绘制星图。这是我们理解宇宙的一个突破，这些工具使天文测量的精度有了长足进步。

上图照片拍摄的是一件被收藏在卢浮宫的麦开特，其年代最早可以追溯到公元前 1400 年。这件麦开特上描绘了阿蒙霍特普三世 [23] 正在供奉真理与正义、秩序与和谐女神玛特 [24] 的场景。

8

尼姆鲁德透镜
迈向现代天文望远镜的第一步

公元前 750 年

 望远镜是天文学中最重要的发明之一，提到它你可能会想到如今那些复杂的巨大仪器。但是，折射望远镜的主要原理几千年来并没有什么改变。

 折射望远镜中的核心元件就是透镜。已知最古老的透镜是由抛光后的晶体制成的，材料通常是石英。世界上最古老的透镜是尼姆鲁德透镜，可以追溯到公元前 750 年到公元前 710 年，1850 年由英国考古学家奥斯汀·亨利·莱亚德发现于古代亚述城市尼姆鲁德[25]（位于现在的伊拉克）。

 这是一个直径 1.27 厘米、厚 0.26 厘米的晶体圆盘，表面经过抛光处理，焦距大约为 12 厘米，相当于一块放大倍率为 3 的放大镜。但这显然是一块刻意制作的透镜，或许可以用来聚光生火，不过学术界目前尚不完全清楚亚述人是如何使用这块透镜的，有些考古学家认为它仅仅是一种装饰性的护身符。然而，在附近的其他文物上发现了非常细小的铭文，解读这些铭文可以得知该透镜是作为放大镜制作的。

 尼姆鲁德透镜可能称不上是一个完整的放大镜，但如果主流的理论是正确的，那它就是光学史上的一座里程碑。透镜是利用光的折射原理制作成的元件，它的表面弯曲，可以使光线发散或汇聚，让光源看起来更远或者更近，而尼姆鲁德透镜就是这种能够汇聚光线的凸透镜。折射望远镜的工作原理便是如此：来自太空的光线通过透镜折射汇聚，因此远处的天体就像在我们眼前出现一样，能够展现出丰富的细节。

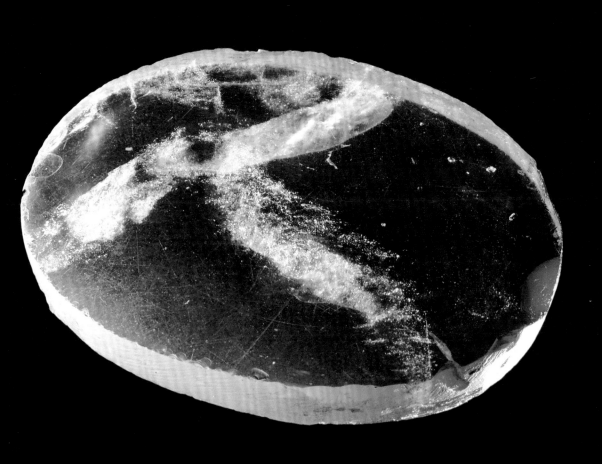

9

古希腊浑仪
第一个天体计算器

公元前 300 年

▶ 尤斯图斯·范根特绘制的
托勒密肖像，画中托勒密
手持一个浑仪。

浑仪[26] 由多个相互嵌套的环组成，通常以 23.5° 的倾角斜置在底座上，与地轴倾角一致。纵横交错的环带分别代表天赤道、天黄道和子午线。后期的浑仪还增加了代表南北回归线和南北极圈的环，在球壳内通常有一个代表地球的小球。

历史上最早的浑仪是由古希腊人[27]发明的，天文学家喜帕恰斯[28]称埃拉托色尼为第一位发明浑象仪的人；而中国古代天文学家张衡[29]独立发明了浑天仪。因此，到了公元 3 世纪，浑仪已成为一种东西方天文学家通用的仪器。天文学家使用它来推演太阳、月亮和行星在星空中的运动。这些仪器的转轴通常会与地轴对齐，这样上面的环就可以对应天文坐标系中的各种基本圈。有些浑仪甚至配备了发条机械装置，使其能够与天空同步转动。随着时间的推移，浑仪成了一种广受好评的教学用具，而艺术家往往会将其融入艺术赞助人的画像中，心照不宣地称赞此人学富五车。

虽然自公元前 2 世纪以来，浑仪就广泛地出现在各种场合，但是这些精密仪器经过了中世纪和文艺复兴的洗礼之后保存状况很差。其中最精密且最古老的浑仪[30]，收藏于马德里附近的埃斯科里亚尔修道院的图书馆中，是安东尼奥·桑图奇[31]在 1582 年制作的。更古老的浑仪就只能在画作中一窥究竟了，如 1476 年荷兰画家尤斯图斯·范根特绘制的手持浑仪的托勒密[32]。

◀ 安东尼奥·桑图奇制作的浑仪。

10

照准仪
精确描绘天体位置的里程碑

公元前 200 年

天文学历史上最具颠覆性的观念是，人们有能力且应该去测量恒星的位置。通过土地测量来绘制地图是一项古老的技术，可以追溯到 1 万多年前，而绘制天上的星图，只需要古代的测绘员把他们的设备指向大空就可以了。我们已经在古埃及的麦开特中看到了这一做法的最早例证，古希腊人则更进一步，开始精确测量天空。最早的证据来自古希腊的天文学家，他们使用一种叫作"窥管"[33]的仪器来测量恒星的位置。 公元前 300 年的欧几里得[34] 和公元前 70 年的盖米诺斯[35] 都在他们的天文学著作中提及了这个仪器。不幸的是，现在流传下来的只有手稿中关于窥管外形的描述。来自亚历山大港的海伦[36] 写了一整本书来讲述如何制造和使用照准仪进行测量。人们曾多次尝试用他的方法复原这种仪器，显然照准仪可以用来绘制精确的星图。

◀一个复原的海伦照准仪。

海伦的照准仪由安装在三脚架上的圆形转台构成。通过调节旋钮、水平仪和固定在转台上的瞄准管三者互相配合，人们可以将其对准一个天体，然后转动转台对准另一个，读出两者之间的精确角度。该设备也可以用来找到地平线上一颗恒星的仰角。

照准仪最终被经纬仪取代。经纬仪最早出现在 1571 年的测量教材《几何实践：通用测量》[37] 中。在望远镜被发明后，原有的窥管被一个小型望远镜替代，安装在一个可以双向转动的支架上。垂直轴可以在带刻度的半圆上移动，并附有一个读数精度小于 1° 的卡尺。

但是这些仪器的基本原理都是一样的——一个用来观测天空的工具，

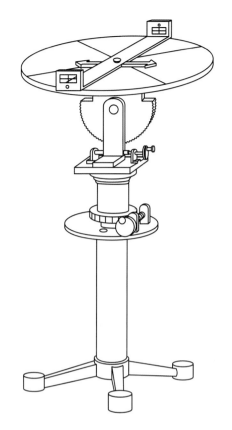

▲ 海伦照准仪设计草图。

▲ 一款 1851 年制造的经纬仪。

安装在可以测量物体之间角距离的结构上。照准仪和由此演变来的测量仪器都在绘制星图中起着至关重要的作用，为星图的精确测绘奠定了基础。直到 20 世纪，新的测绘技术才取代了照准仪的主导地位。照准仪代表了我们绘制星图的一座里程碑：自此以后，肉眼估算永远消失了，取而代之的是精细测量，这几乎是未来所有与太空相关的技术和发现的基石。

11

安提基西拉机械
便携式天文计算器

▶ 安提基西拉的机械复杂
结构仅存的部分。

公元前 200 年

1901 年，在希腊安提基西拉岛的海岸附近，人们从一艘古代沉船中发现了一件奇特的手工艺品。一年后，考古学家瓦列里奥斯·斯泰斯发现它内部含有一个齿轮。这个齿轮是一个由青铜和木材制作而成的盒子仅存的一部分零件，尺寸为 33 厘米 ×18 厘米 ×9 厘米。最初，斯泰斯认为这是一种航海工具，但是大多数学者认为这个机械装置对于一艘公元前 205 年到公元 60 年期间沉没的古船而言过于先进了。随后的半个世纪里，专家们都没有对这件文物进行进一步的研究，直到 20 世纪下半叶，科学史学家德瑞克·约翰·德索拉·普赖斯[38]和物理学家哈兰博斯·卡拉卡罗斯使用 X 射线成像技术才发现这件装置其实包含了 37 个齿轮。

根据齿轮传动比和框架的剩余部分，普赖斯和卡拉卡罗斯推断，这很可能是一台用来预测太阳和月亮的运动、月相、日食和奥运会[39]的日期，以及其他事件的模拟计算机。通过正确设置前面板上的阳历日期，后面板将显示相应的阴历日期，精度在一周左右。此外，虽然安提基西拉机械中没有对应计算行星运动周期的齿轮组，但是表示五大行星（古希腊人仅知道金星、水星、火星、木星和土星）的指针仍然保留，这说明相关的齿轮组应该是丢失或损毁了。

自 2005 年以来，国际安提基西拉机械研究项目的成员们一直致力于研究安提基西拉机械的结构、工作方式、生产地点以及它是何时由谁建造的。但是关于这个机械的一切都在提醒我们，世人不仅因其复杂的预测能力而倾倒，还因为它本身就是有史以来最伟大、最重要的发明之一。安提基西拉机械被认为是世界上第一台模拟计算机，而现代生活就是以计算机带来的技术突破构建成的。

▶ 专家复原的安提基西拉机械全貌。

12

喜帕恰斯星图
星图起源

公元前 129 年

▶一件浮雕版本的《托起天空的阿特拉斯》。

喜帕恰斯是历史上最著名的天文学家之一。他首次发现了地球轴心的进动现象，这一现象使得我们看到的星空排列不是亘古不变的，星空排列以大约26000年为周期逐渐变化。喜帕恰斯一生中撰写了至少14本被广泛引用的著作，但是唯一存世的只有《关于阿拉托斯[40]和欧多克索斯[41]物象的评论》[42]，其余均失传。

喜帕恰斯在他的暮年绘制出了包含850颗亮星的星表和星图，这一年大约是公元前129年。随后在公元150年左右，他的天文学研究被收录到托勒密[43]的《天文学大成》一书中，这是一部极具影响力的天文学著作，托勒密正是在此书中建立了宇宙的地心说模型。

托勒密在他记录了1020颗恒星的星表中指出，自喜帕恰斯生活的年代以来，赤经拓展了2度40分，这是300多年间地球进动造成的影响。但这也有力地表明托勒密在很大程度上参考了喜帕恰斯的星表，他只是额外添加了那2度40分的内容。虽然喜帕恰斯影响深远的星表已经失传，但是可以推断，失传的星表构成了托勒密星表的主体。

2005年，路易斯安那州立大学的天文学家布莱德利·舍费尔出人意料地宣布，喜帕恰斯星图——或者说它的抄本——看似远在天边，实则近在眼前。在意大利那不勒斯的国家考古博物馆里，一尊名为《托起天空的阿特拉斯[44]》的公元2世纪罗马雕塑展示了阿特拉斯肩上扛着一个天球的情景，这个浮雕的天球仪绘制了位于天赤道和南北回归线构成网格上的41个星座。

在仔细研究这个天球上星座的位置之后，舍费尔精细地复原出了天球仪上的星图，并与现在的星图进行对比。他发现雕塑家正是使用公元前125年的星图和星表创造了这个天球——而这正是喜帕恰斯生活的年代。这个天球再现了失传已久的喜帕恰斯星表，到这一天为止，它已经在阿特拉斯的臂弯里沉睡了近2000年。

13

星盘
通过星空来追踪时间

公元 375 年

星盘是古人手中的"智能手机"，它集多种功能于一身，可以告诉使用者现在的时间和位置等信息。作为一种测量设备，星盘的主体是一个旋转星图，星图上绘制着某一纬度能看见的星座。有些星盘还配备了可移动的圆环和指针来指示黄道与最亮的恒星。如果附加了窥管，那么就可以作为照准仪测量恒星的地平高度。

星盘的发展历程一直扑朔迷离[45]，它包含的数学原理耗费了几个世纪才建立起来，但是星盘第一次被提及却是在公元 375 年，来自亚历山大港的古希腊天文学家赛翁[46]撰写的一本关于星盘的专著《在一枚小小的星盘上》中，为后世关于星盘的论述树立了标杆。从此，星盘就作为一种测量恒星地平高度的工具频繁出

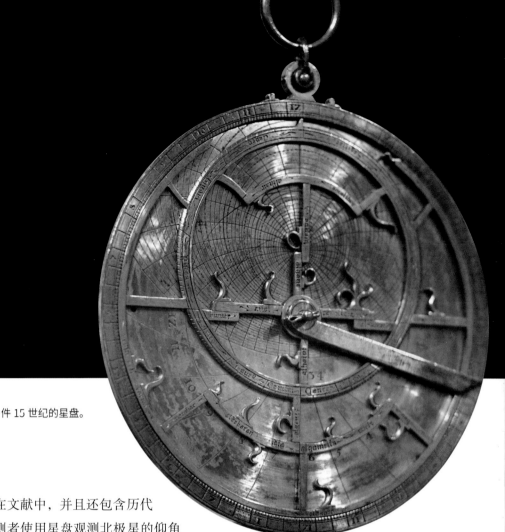

▶ 件 15 世纪的星盘。

现在文献中，并且还包含历代
观测者使用星盘观测北极星的仰角
来确定所处位置的纬度的情况。公元 8 世纪
左右，星盘传入了伊斯兰世界。阿拉伯人在希腊星盘的基础上增加了圆弧刻度盘和
方位角，极大地丰富了星盘的功能，并将其应用于航海和指示圣城麦加的方位——
后一用途更为重要。

　　另一方面，星盘可以用作现代的计算尺或计算器，它还给使用者带来了一丝
神秘感——毕竟仅通过观测北极星，它就可以计算出你现在身处北半球的哪个纬
度，这对古人来说无疑是一种不可思议的力量。另外，如果你已经知道所处的纬
度，那么观测一些关键的恒星，并将它们的位置与铭刻在星盘上的网格坐标对比，
就可以得到当地的时间。托勒密甚至用这种仪器来为他的著作《占星四书》[47] 提供
天文观测数据。几个世纪以来，许多作者撰写了无数关于如何制造和使用星盘及
其操作原理的详细文章。这些可动装置本身就是一件瑰宝，它们铺平了通向精确
天文计算的道路。

自斗十二度至須女七度於辰在丑為星〻紀〻者言統紀万物之終故曰

越之分也

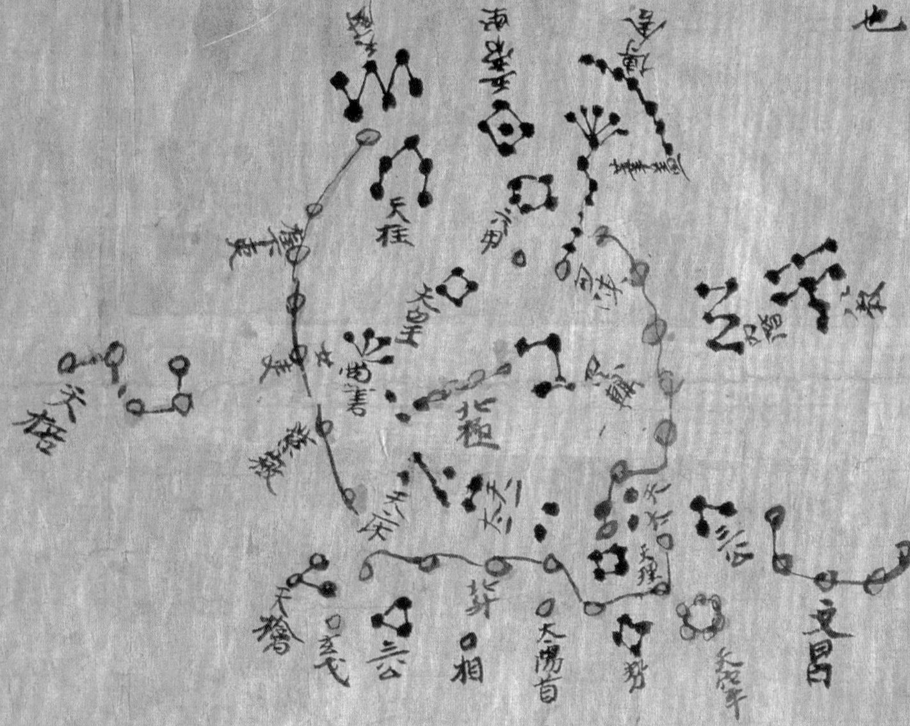

14

◀ 敦煌星图的一部分。

敦煌星图
第一份完整的星图

公元 8 世纪

莫高窟，又称"千佛洞"，位于中国甘肃省敦煌市附近，是一个由 492 座洞窟[48] 组成的大型石窟。公元 4 世纪到 14 世纪，沿着丝绸之路旅行的佛教僧侣们在这里挖掘出了复杂的洞窟网络作为庙宇。到了公元 1368 年，莫高窟随着元朝的灭亡而逐渐没落。直到 19 世纪末，考古学家才开始关注丝绸之路上的这座佛教遗址。

20 世纪初，敦煌道士王圆箓开始挖掘并修复这些洞窟。1900 年 6 月 25 日，他从一个小洞窟中发掘出数千份经卷。当时的清朝地方政府对这一发现不以为然，导致大量文物被外国考古学家带走，散落到伦敦等地的档案馆中。其中一份羊皮纸经卷最后落到了英国籍匈牙利考古学家奥莱尔·斯坦因[49] 手上。这份经卷宽 25.4 厘米、长 3.94 米，目前收藏于大英图书馆。

直到 1959 年，人们才首次在李约瑟[50] 的《中国的科学与文明》[51] 一书中了解到敦煌星图。虽然中国的历史学家和天文学家自 20 世纪 60 年代以来就开始研究这些经卷，但是苦于没有原稿，只能对着外国学者发表的照片研究。直到 2009 年，法国天体物理学家让·马克·博奈·比多才对这张星图进行了详细的分析。

敦煌星图被公认为是目前留存下来最早的完整星图，可以追溯到唐朝以前，大约公元 618 年[52]。虽然我们知道在古代还有很多的星图和星表，但是除了敦煌星图，没有一件能够保存至今。敦煌星图很可能由唐朝著名天文学家李淳风绘制，上面共有 257 个星座和星官（一种比星座略小的星群），包含 1339 颗恒星，分别来自古代天文学家巫咸[53]、甘德和石申[54] 的星表，并且在图中用不同颜色加以区分。敦煌星图是一卷由 12 张星图组成的星图集，其中标注的亮星坐标位置精度可以达到几度以内。本书展示的第 13 幅星图描绘了拱极星座，第 6 幅图名为"老人星"（中国称作船底座），这意味着中国古代的天文学家已经开始观测南天的星空了。第 5 张星图绘制了最容易辨识出的星官——参宿（即现在的猎户座）。

敦煌星图与现在的星图存在着惊人的一致性，这些恒星的排列并不是为了艺术效果，而是严格地按照数学模型排列的。敦煌星图和它记载的古代星表将星空精确而全面地描绘出来，这是古人完成的又一项壮举。

15

阿尔·花拉子密的代数书
增强计算宇宙问题的能力

公元 820 年

▶ 书中介绍如何通过代数几何求解四边形面积的一页，包括了正方形和长方形。

代数也可以理解为将抽象表示的图形与清晰的数学计算相联系的桥梁，后者在本书中已经谈及了很多次，前者却尚未涉及。代数这个词来自阿拉伯语的 Al-jabr[55]，直译为"破碎的重聚"，源自波斯数学家阿尔·花拉子密[56]在大约公元 820 年所著的《代数学》(*Ilm al-jabr wa'lmukabala*)的书名。虽然花拉子密没有创建整个代数学领域，但是他将古人的很多成果都汇总在了这本巨著中。代数学的一大特征是使用字母来代替数字，尤其是用 x 来指代未知量，但是这种用法直到笛卡尔[57]的时代才开始被广泛使用。在 1637 年出版的《几何》一书中，笛卡尔使用 a、b、c 等字母表示已知的量，用字母表末端的字母表示未知的量，包括 x——这是历史上第一个这样使用字母的案例。

代数实际上是一套符号系统，它可以代表未知量，但同时遵循着加减乘除等基本运算。代数最大的优点不是在求解某个具体问题时表现出色，而是作为一种简写来描述一类求解过程，这种泛用的过程被称为算法。算法探讨的是如何得出一类问题的答案，而不关注在给定条件下的实际参数是什么。

这一概念在研究宇宙时十分有用，举例来说，宇宙并非静态，每颗恒星、行星、流星、卫星等无数天体都处在无休止的相对运动中。因为参量众多，所以仅用数据列式计算会是一个无比缓慢和低效的工作，并且每次有数据出现变化时都需要重新计算。代数就成了解放物理学和工程学无限潜能的一把钥匙，因为它使我们可以用一种自然的、动态的且不断变化的方式去计算运动和力，这为那些惊人的科技进步奠定了基础，并使其成为我们日常生活中的一部分。

▶ 花拉子密代数书中的一页。

أعلم أن المربعات (١) خمسة اجناس فنها مستوية الاضلاع قائمة الزوايا والثانية قائمة الزوايا مختلفة الأضلاع طولها اكثر من عرضها . والثالثة تسمى المعينة وهى التى استوت اضلاعها واختلفت زواياها . والرابعة المشبهة بالمعينة وهى التى طولها وعرضها مختلفان وزواياها مختلفة غير أن الطولين متساويان والعرضين متساويان أيضاً . والخامسة المختلفة الاضلاع والزوايا . فا كان من المربعات مستوية الاضلاع قائمة الزوايا أو مختلفة الاضلاع قائمة الزوايا فان تكسيرها

أن تضرب الطول فى العرض فا بلغ فهو التكسير . ومثال ذلك أرض مربعة من كل جانب خمسة أذرع تكسيرها خمسة وعشرون ذراعاً وهذه صورتها . والثانية أرض مربعة طولها ثمانية أذرع

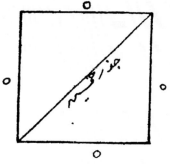

ثمانية أذرع والعرضان ستة ستة . فتكسيرها أن تضرب ستة فى ثمانية فيكون ثمانية وأربعـــين ذراعاً وذلك تكسيرها وهذه صورتها . وأما المعيـــنة المستوية الأضلاع التى كل جانب منها

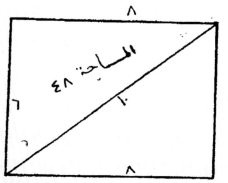

(١) أى الاشكال الرباعية بالاصطلاح الحديث وتقسم هنا إلى مربع ومستطيل ومعين ومتوازى أضلاع وشكل رباعى عام .

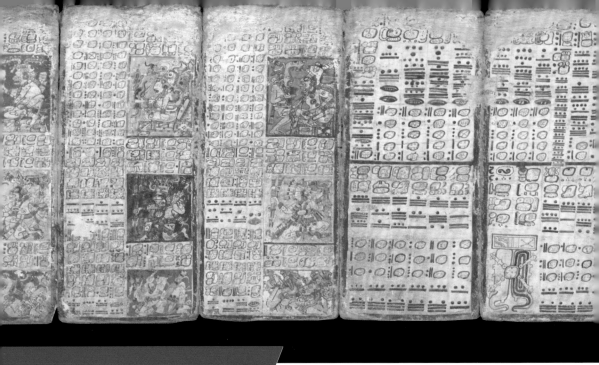

16

德累斯顿抄本
玛雅人复杂天文学惊鸿一瞥

公元 12—13 世纪

我们对欧洲"旧世界"[58] 的天文和科学发展了如指掌，这都要归功于遍布欧洲大陆的大量纪念碑、著作、书籍和铭文。相比之下，我们对美洲各种文明的了解却十分有限，因为这些文明所处的地区现在被最茂密的热带雨林阻隔。不过更重要的是，玛雅和印加文明留存下来的所有书面文件，几乎都被 16 世纪的征服者和随后激进的传教运动摧毁。

因此，德累斯顿抄本就成了唯一幸存的"例外"。它是一份公元 14 世纪的玛雅帝国文献，是德国德累斯顿皇家图书馆馆长约翰·克里斯蒂安·格策于 1739 年

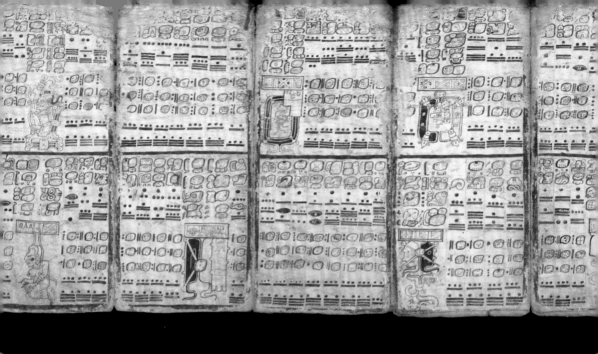

从奥地利维也纳的一位私人收藏家手中买下的。考古研究表明，这份写有独特符号的 78 页抄本，可能源自尤卡坦半岛奇琴伊察[59]附近。也有证据表明，到了公元 13 世纪左右，那里的居民就已经掌握了复杂的天文知识。

这份抄本包含了金星和月球的天文表，以及关于日食和月食的记录。金星表中记录了金星的 65 个会合周期，这都是玛雅人悉心观测的成果。金星与玛雅人的神灵库库尔坎[60]相关，因此，当金星出现在天空中时，玛雅人便开始策划战争。除了仪式日程表和占星术信息，抄本还记录了一个 260 天的仪式周期，被称为卓尔金。卓尔金历是一个由 13 个月，一个月 20 天组成的非天文历法。对玛雅人而言，宗教节日至关重要，但是在玛雅人称为哈布历的历法中，一个太阳年有365.25 天，他们必须时不时纠正这 0.25 天累计产生的误差，就像我们的历法中每四年的二月是闰月一样。所以，他们通过观测金星的运动来修正这种误差。

无论身处地球何处，人类都生活在同一片星空下。德累斯顿抄本是一扇独一无二的窗，我们可以通过它一窥西半球原住民是如何认识宇宙的。

17

查科峡谷的日光匕首
向天体螺旋运动和光明呈上敬意

公元 14 世纪

在美国西南部的沙漠中，很多偏远的洞穴壁和石块上都有古代岩画（或岩石雕刻），其中最具标志性的就是在新墨西哥州查科峡谷中的法哈达孤峰发现的"太阳匕首"了。1977 年，当地艺术家安娜·索法尔在探索该地区时发现了它。这是一处隐藏在古老岩石下的奇特螺旋形岩刻，一缕阳光偶然从两块大岩石的缝隙之间照射进来，照亮了砂岩板上的岩刻，就像匕首的形状。这一束出现在夏至的奇特光束很快就以"查科峡谷太阳匕首"闻名于世。到了冬至，"太阳匕首"变成了两道，像括号一样包着螺旋形的两侧，光柱也穿过附近一个较小的螺旋形岩石雕刻的中心。然而在 1989 年，人们发现砂岩板的位置发生了变化。自此，阿纳萨齐人[61] 在公元 950 年左右占据这一地区后创作的"太阳匕首"就不复存在了，只剩下一个螺旋形岩刻诉说着曾经的辉煌。如果不是安娜·索法尔在 1977 年偶然发现，我们永远也不会知道它的存在和作用，只会认为它是坐落在偏远地区的又一处令人疑惑的岩刻。

此外，在美国西南部和墨西哥的其他地方也可以找到同样用来标记二分二至点的雕刻，比如，美国科罗拉多州和犹他州交界处的霍文威普国家纪念区、加州南部的布罗平原以及墨西哥下加利福尼亚州的拉鲁莫洛萨等地。查科峡谷太阳匕首无声地诉说着人类对天空和季节变换的好奇心，在没有演化出文字而仅靠口述记录历史的文明中更难保留下来。北美原住民部落留下了复杂的天文学知识及其在农业上实际应用的证据，但这些证据只存在于大平原和西南沙漠人迹罕至的少数遗迹与岩画中。

◀ 夏至日的太阳匕首。

18

乔瓦尼 · 德 · 多迪的天象仪
中世纪末惊为天人的复杂计算器

公元 1364 年

1364 年，业余天文学家乔瓦尼 · 德 · 多迪医生花费 16 年时间，终于完成了一项技术杰作——一个能显示行星运行轨迹的时钟。这是一个复杂的仪器，由 107 个安装在黄铜框架上的大小齿轮组成，仪器在许多方面都与 1400 多年前古希腊工匠制造的安提基西拉机械极为相似。14 世纪时，人们对这台天象仪惊叹不已，甚至将它奉为世界第八大奇迹。

虽然德 · 多迪的原作没有经受住时间的摧残，但他详细的设计图纸却经受住了时间的考验，任何一个愿意投入时间的人理论上都可以制作出完全符合其设计的复制品。在接下来的几个世纪中，人们为重现这一仪器做了很多尝试，但由于齿轮加工上的细微缺陷，复制品很少能够达到设计水平。

▶ 天象仪的复原品。

1961 年到 1963 年间，米兰钟表匠路易吉·皮帕制作出了这款天象仪的首个现代复制品，并且于 1985 年在瑞士拉绍德封的国际钟表博物馆展出。此外，巴黎天文台、伦敦科学博物馆、华盛顿特区史密森学会等其他机构都收藏了这个星象仪的复制品。

作为一只天文钟，它以实体的方式呈现了人类在研究行星周期运动中积累的知识。例如，天象仪会计算出每一天（在帕多瓦的纬度的）日出和日落时刻；它还可以用来预测"主日字母"[62]，这是一种用来确定某一天、圣徒日或天主教会固定节日是星期几的字母编号系统。

德·多迪将预测太阳、月亮和主要行星运动所需的复杂数学原理，浓缩在一台天象仪中——这是普通人也可以轻松理解和计算天体运动的非凡作品。

19

比格霍恩的巫轮石阵 [63]
怀俄明州的印第安人"天文台"

公元 15 世纪

在美国怀俄明州洛弗尔附近海拔 2940 米高的比格霍恩山上，有一个直径约 25 米的古代印第安人纪念石阵。石阵中心是一块被称为"石冢"的石堆，由 28 条一串串石头组成的"辐条"连接着边缘。一些美国原住民部落认为 28 是一个神圣的数字，因为这是月球环绕地球一圈的周期。

1974 年，天文考古学家杰克·艾迪将石阵中石冢和辐条的排列方式与夏至前后山顶没有积雪时怀俄明州能看到的天体和天象进行了比对。如果你站或者坐在一个石堆上，看着另一个石堆，视线会落在地平线上某些特定的位置，这些位置指向夏至时日出或日落的方位，以及一些著名的恒星——例如，毕宿五、参宿七

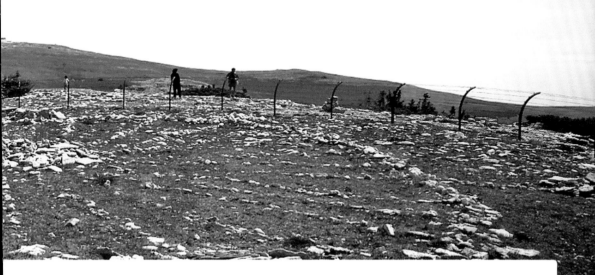

和天狼星。后来，天文学家杰克·罗宾逊还发现北落师门也会在这个方位偕日升，也就是指这颗恒星日出前刚刚在东方地平线上出现。因此，这些天象的出现对于美国的原住民而言就意味着夏天的来到。

巫医石轮坐落在克劳人的故乡，据他们的口述历史记载，这个地区是由一位克劳人的祖先给予他们的，历史学家认为这位祖先可以追溯到 1400 年到 1600 年前。这与星座岁差的变化相吻合，尤其是毕宿五从 1050 年到 1450 年这段时间累积至今的岁差。因此，我们可以推断这座巫轮建造的时间大约是公元 15 世纪左右。

比格霍恩的巫轮石阵是一个震撼

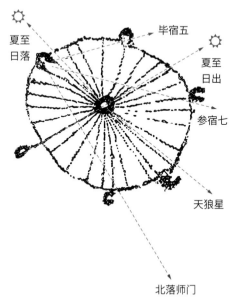

人心的证据，它表明人类从记录和预测恒星运动中受到了众多启发。500 多年后的今天，它仍然能准确指示夏至的到来。

20

◀ 陨石的碎块。

昂西塞姆之石
天降巨石

公元 1492 年

在古代，除了敌人的大炮（如投石机和石弩）发射出来的弹丸外，没有人会想象石头能够从天而降，甚至近代也是如此。人们会观测流星雨，不过这些太空来客很少降落在观测者附近。但是中国古代的记载却显示，岩石不仅可以从天而降，甚至可能是致命的，能够造成相当大的破坏。直到 1492 年 11 月 7 日，西方世界才意识到天降岩石有多可怕。那天中午前的几分钟，在法国昂西塞姆小镇[64]上发生了一件壮观的天象事件，一个在附近麦田里工作的男孩目睹了一颗重达 127 千克的陨石撞击地面，撞出了一个超过 90 厘米深的坑。事实上，即使是在离小镇 160 多千米的地方，人们也能看到爆炸的火球，听到爆炸声。这称得上轰动一时的大事了。

陨石原本的重量是 127 千克，但当地居民敲下了约 45 千克留作纪念。后来，"昂西塞姆的雷石"被带到城里，用铁链锁在教区的教堂里，以确保它不会在夜间到城中游荡。迄今为止，这块陨石是最古老的有目击记录和精确撞击时间的陨石，并且陨石的一部分还被留存了下来。这也是自 15 世纪 50 年代印刷机发明之后，第一个被大量刊登在报纸和木雕上的陨石新闻，成为昂西塞姆附近三个主要城镇的重大社会媒体事件。

◀ 1492 年印有陨石新闻的单页。

21

《天体运行论》
哥白尼改变了宇宙的中心

公元 1564 年

《天体运行论》是波兰天文学家尼古拉·哥白尼[65]的巨著，他正是在这本书中提出了日心说。公元 1515 年，哥白尼开始撰写这本书，虽然他在 1531 年就已经完成了所有工作，但是直到他死后的 1543 年这本书才能够出版。哥白尼的太阳系模型大体上与托勒密相似，只不过中心的天体是太阳，地球在自转的同时绕着太阳公转，正是这种复合运动产生了日月星辰都围绕着地球运行的错觉。哥白尼在《天体运行论》中对日心说这种"坐标变换"是如何运作的展开了详细的数学讨论，但事与愿违，这种比托勒密的地心说更简洁和清晰的物理模型在当时却并未被认可。

究其原因，哥白尼和前人们一样，都认为行星是在公转轨道上做匀速圆周运动。但事实并非如此，直到 50 年后，约翰内斯·开普勒[66]才证明了行星并不是以恒定的速度做圆周运动，而是一种变速的椭圆运动。但哥白尼当时保守的思维迫使他沿用托勒密的模型，给行星公转运动的本轮上又套了个小的圆周轨道——均轮，来解释行星的变速运动，这直接影响了他的预测结果。后来，伊拉斯谟·莱茵霍尔[67]根据这一错误的日心说模型计算行星在天空中的位置，并在 1551 年整理出版了包含有天体运动轨迹的《普鲁士星表》。

《普鲁士星表》最终在 1627 年被《鲁道夫星表》取代，后者由开普勒编纂，并基于没有本轮系统的椭圆轨道模型编写。如今，无论哪一本天文教科书都会谈及《天体运行论》。在当时，《天体运行论》因为教会的阻挠不被大众接受，但无疑影响了后世一批卓越的人物。哈佛大学荣誉天文学家欧文·金格里奇[68]开展了一项为期 30 年的全世界搜寻行动，盘点了所有现存的《天体运行论》副本。最终，他找到了 276 份第一版副本和 325 份第二版副本。17 世纪时，所有著名数学家和天文学家几乎人手一本《天体运行论》，不仅如此，他们之中的许多人还在书中添加了旁注。通过研究注解，金格里奇发现，正是书中行星运动的章节启发了当时的科技领袖们。他认为，除了 1454 年的第一版《古登堡圣经》[69]以外，还没有哪一本印刷书像《天体运行论》这样被详细地研究和编注过。

net, in quo terram cum orbe lunari tanquam epicyclo contineri
diximus. Quinto loco Venus nono mense reducitur. Sextum
denique locum Mercurius tenet, octuaginta dierum spacio circu-
currens. In medio uero omnium residet Sol. Quis enim in hoc

Stellarum fixarum sphaera immobilis

I Saturnus XXX. annis reuolutio.

II Iouis XII. annorum reuolutio.

III Martis bima reuolutio.

IIII Telluris cum orbe lunari annua reuolutio.

V Venus VIIII. mensium reuolutio.

VI Mercurius LXXX. dierum.

Sol.

pulcherrimo templo lampadem hanc in alio uel meliori loco po-
neret, quàm unde totum simul possit illuminare? Siquidem non
inepte quidam lucernam mundi, alij mentem, alij rectorem uo-
cant. Trimegistus uisibilem Deum, Sophoclis Electra intuens
omnia. Ita profecto tanquam in solio regali Sol residens circum
agentem gubernat Astrorum familiam. Tellus quoque minime
fraudatur lunari ministerio, sed ut Aristoteles de animalibus
ait, maximã Luna cũ terra cognationem habet. Concipit interea
à Sole terra, & impregnatur annuo partu. Inuenimus igitur sub
hac

hac ordinatione admirandam mundi symmetriam, ac certũ har-
moniæ nexum motus & magnitudinis orbium: qualis alio mo-
do reperiri non potest. Hic enim licet animaduertere, nõ segni-
ter contemplanti, cur maior in Ioue progressus & regressus ap-
pareat, quàm in Saturno, & minor quàm in Marte: ac rursus ma-
ior in Venere quàm in Mercurio. Quodq; frequentior appare-
at in Saturno talis reciprocatio, quàm in Ioue: rarior adhuc in
Marte, & in Venere, quàm in Mercurio. Præterea quod Satur-
nus, Iupiter, & Mars acronycti propinquiores sint terræ, quàm
circa eorũ occultationem & apparitionem. Maxime uero Mars
pernox factus magnitudine Iouem æquare uideatur, colore dun-
taxat rutilo discernendus: illic autem uix inter secundæ magnitu-
dinis stellas inuenitur, sedula obseruatione sectantibus cognitus.
Quæ omnia ex eadem causa procedunt, quæ in telluris est mo-
tu. Quòd autem nihil eorum apparet in fixis, immensam illorũ
arguit celsitudinem, quæ faciat etiam annui motus orbem siue
eius imaginem ab oculis euanescere. Quoniã omne uisibile lon-
gitudinem habet aliquam, ultra quam non amplius
spectatur, ut demonstratur in Opticis. Quòd enim à supremo
errantium Saturno ad fixaram sphæram adhuc plurimum in-
tersit, scintillantia illorum lumina demõstrant. Quo indicio ma-
xime differuntur à planetis, quodq; inter mota & non mota,
maximam oportebat esse differentiam. Tanta nimirum est diui-
na Opt. Max. fabrica.

De triplici motu telluris demonstratio.   Cap. XI.

Vm igitur mobilitati terrenæ tot tantaque errantium
siderum consentiant testimonia, iam ipsum motum
in summa exponemus, quatenus apparentia per ip-
sum tanquã hypotesim demonstrentur: quẽ triplice
omnino oportet admittere. Primum quem diximus νυχθημε-
à Græcis uocari, diei noctisq; circuitum proprium, circa axem
telluris, ab occasu in ortum uergentem, prout is diuersum mun-
dus ferri putatur, æquinoctialem circulum describendo, quem
nonnulli æquidialem dicunt, imitantes significationem Græco-

c ij   rum,

22

◄《新天文学仪器》[70]一书中的雕版画，
描绘了墙式象限仪及其他工具。

第谷的墙式象限仪
第谷和他的精密天文仪器

公元 1590 年

自喜帕恰斯和托勒密之后的几个世纪，精确测量天体位置已不再流行，除了托勒密的《天文学大成》和中国汉代天文学家的星表以外，很少有观测结果被保留下来。这些星表受限于天文学家使用的原始的照准仪和经纬仪，因此精度不高，但是也足以让托勒密建立历史上第一个行星星历，而哥白尼正是根据这份星历于 1534 年创立了他的日心说模型。第谷·布拉赫[71]开启了天文观测的新篇章——1576 年，他在丹麦汶岛[72]上的乌兰尼城堡天文台建造了极其精确的观测仪器。

第谷意识到，想提高古代天文学家便携式仪器的观测精度，需要将它们造得更大。通过分析第谷观测日志中数千颗恒星的数据我们发现，第谷制造的大部分仪器精度都达到了半个角分，是古代星表测量精度的近 10 倍。例如，他安装在墙上的象限仪是一个由四分之一圆构成的仪器，用来确定恒星的高度。

第谷获得的高质量数据资料浩如烟海，他在 1600 年雇用了年轻的约翰内斯·开普勒来处理数据，这项工作就是 1627 年出版的《鲁道夫星表》的雏形。第谷也对行星开展了高精度观测，他雄心勃勃地想把托勒密和哥白尼模型结合起来，提出自己的太阳系模型，但在聘用开普勒仅一年后，第谷就与世长辞了。

开普勒继承了第谷的研究成果，这些高质量观测数据帮助他发现了行星运动的各种规律，如今这些规律被称为开普勒三定律。其中，第谷的火星观测记录揭示了圆周运动理论是错误的，让我们认识到每颗行星其实在沿着各自的椭圆轨道环绕太阳运动，这便是人类研究行星运动的第一次巨大飞跃——开普勒第一定律。有了这个发现，再结合另外两个定律，开普勒制作了一个更精确的行星运动星历——《鲁道夫星表》。《鲁道夫星表》十分准确，甚至可以预测到皮埃尔·伽桑狄 1631 年观测水星[73]和杰雷米亚·霍罗克斯 1639 年观测金星[74]时的坐标。第谷非凡的观测技术构建起了 17 世纪天文预测的基础。不过在 1690 年，约翰内斯·赫维留[75]制作的收录 1500 颗肉眼可见恒星的《天文学绪论》，以及后来约翰·弗兰斯蒂德[76]于 1725 年出版的《不列颠星表》，取代了第谷观测成果的地位。

23

伽利略望远镜
现代天文学的开端

公元 1609 年

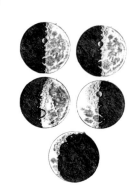

◀伽利略在《星际信使》中绘制的月球不同相位的详细图画，其望远镜的放大倍率可以帮助他发现月球是岩石构成的。

数百万年来，人类只能用双眼观测夜空。这些天然光学设备有一个能够识别数百万种颜色和感知单个光子到来的传感器——视网膜。人眼的分辨率十分惊人，相当于一台 5.76 亿像素的相机。望远镜的发明从本质上拓宽了眼睛的基本官能，并彻底改变了天文观测的方式。从生物学上讲，增大眼球内部天然晶状体的直径是不可能的，但在 1608 年，荷兰眼镜制造商汉斯·李普希[77]另辟蹊径，用光学元件模拟出了这种增大效果。他用一个凸的"物镜"和一个凹的"目镜"创造出第一个 3 倍放大率光学仪器，用他的话说是"能将远处的事物展现在眼前"。李普希发明"荷兰透视玻璃"的消息很快就传遍了整个欧洲，英国人托马斯·哈里奥特[78]受到启发，在 1609 年的夏天制造了一台 6 倍放大率望远镜。这个消息后来传到了意大利人伽利略·伽利雷[79]的耳中，他开始研磨抛光镜片改进原始设计，最终制造出 21 倍放大率望远镜。1609 年，伽利略开始用他自制的设备进行天文观测，成为第一个窥见夜空细节的人。伽利略制造的望远镜的独特之处在于所成的像是正像，而不是此前那些简单光学仪器中常见的倒像。伽利略还利用自己制造的先进仪器经营副业，主营制造并向水手出售他的"伽利略望远镜"。

伽利略将望远镜的观测结果绘制成 70 幅手稿，包括月球精细结构、金星相位变化、太阳黑子、星团和木星的卫星，并发表在 1610 年出版的划时代著作《星际信使》中。这本书毁誉参半，在当时引起了部分读者的好奇，却遭到另一部分读者的百般嘲讽，伽利略最终也因为宣传他见到的一切而被教廷打成异端并被软禁在家中。在书中，伽利略认为木星有卫星环绕证明了哥白尼日心说是正确的，这与教廷倡导的地心说相冲突，直接惹恼了罗马天主教会。伽利略不仅通过记录太阳黑子的运动颠覆了太阳是一个完美无瑕的圆盘的观念，还证明了木星是太阳系中一个有其他天体环绕的独立行星，这与教会认为的万物都围绕地球旋转的传统观念背道而驰。虽然教会试图压制他的学说，但伽利略的观点还是被广泛接受，也多亏了他制作的望远镜，人类才对自己在宇宙中位置的认识发生了翻天覆地的变化。

▲ 伽利略的第一台折射望远镜。

24

◀ 美国国家航空咨询委员会[80]路易斯飞行推进实验室的计算尺

对数计算尺
20 世纪 60 年代太空项目的原始计算技术

公元 1622 年

约翰·纳皮尔[81]是一位苏格兰的地主、数学家和天文学家，他发明了对数——一种用于简化乘法和除法运算的数学函数。在 1614 年出版的《奇妙的对数规律的描述》一书中，纳皮尔详细介绍了对数。不久，英国牧师埃德蒙·冈特[82]设计了一把可以借助两把圆规和对数原理进行三角运算的尺子。对数计算尺的最后一块拼图由英国牧师和数学家威廉·奥特雷德[83]完成。1632 年，奥特雷德发明了一种由两个相互滑动的刻度组成的仪器，用来求解乘法和除法运算。

到了 19 世纪，计算尺开始在工程师中普及，人们把它与工程师这个职业联系在一起，就好比听诊器之于医生一样。虽然这项技术瑰宝现在只有头发花白的老人才知道，但计算尺也曾在历史中有着属于自己的"高光时刻"。直到最后一次阿波罗任务登月之前，美国的太空计划仍依靠大批工程师和科学家使用这种计算尺人工求解工程问题，成功地把我们送上月球并返回。

对数计算尺的材质和尺寸多种多样，从木质到塑料材质，从 15 厘米长的微型计算尺到大型的圆算尺一应俱全。计算尺用对数的加减法取代了整数的乘除法，尺子上刻有十几种以十进制或三角函数划分的不同刻度，可以快速地进行大数和小数的高级计算。如果你是 20 世纪 50 年代或 60 年代的高中生，你会自豪地把计算尺带进物理和高等数学的课堂。

"阿波罗计划"曾使用过"皮克特牌"计算尺。巴兹·奥尔德林[84]乘坐"阿波罗 11 号"前往月球时使用过的该品牌 N600-ES 型计算尺在 2007 年拍卖出了 77 675 美元的高价。20 世纪 70 年代，技术的发展推动了电子计算机在工程师和科学家中的普及。真正决定计算尺命运的转折点是 20 世纪 70 年代中期，得州仪器和惠普等公司推出了可以放进衬衫口袋里的小型电子计算器，此后计算尺日渐式微。

时至今日，我们之中的一些老科学家偶尔还会怀念过去，在阁楼的盒子里寻找属于我们自己的历史片段，回味那些用计算尺的"极客"们主宰世界的旧时光。

25

目镜测微计
最精确的目视天文测量手段

公元 1630 年

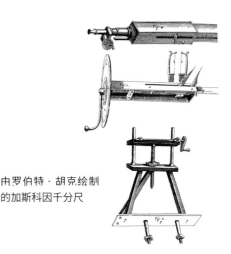

▶ 由罗伯特·胡克绘制
　的加斯科因千分尺

　　早在古罗马时期，人们就已经知道了双星[85]的存在，据说当时选拔弓箭手的依据就是看他们能否分辨北斗七星勺柄上的开阳和开阳增一2颗星。直到发明望远镜后，天文学家才对双星产生浓厚的兴趣。1650年左右，天文学家首次确认开阳实际是双星，但是几十年后双星系统才受到重视。到了1718年，人们只发现了6个双星系统，其中包括离地球最近的南门二。1767年，约翰·米歇尔[86]宣称，根据牛顿的万有引力定律，成对的恒星实际上是在相互环绕的轨道中运行的，这是人类认识双星的分水岭。从此，天文学家就可以有效地测量出恒星的质量比，而以前的人们对测量太阳系外天体的质量束手无策。在这个想法的启发下，克里斯蒂安·迈尔[87]在10年后根据当时已知的双星整理出了一个小规模星表[88]。

　　威廉·加斯科因[89]是英国天文学家和仪器制造师，于17世纪30年代后期开始研究光学仪器。在一次偶然的事故中，蜘蛛网上的一根丝正好落在仪器的光路上，加斯科因意识到可以利用这一点配合一个校准过的机械螺丝进行精细测量，这就是工程师使用的千分尺的前身。当加斯科因把自己制作的千分尺和望远镜的目镜结合起来后，就制成了目镜测微计，他借助这个仪器精确地测量出了月球和行星的直径。

　　弗雷德里希·威廉·赫歇尔[90]在他巨大的望远镜上安装了自己设计的测微计开展双星研究。在目镜内部，他设计了一种可以用螺旋千分尺移动的游丝，用来测量恒星的精确位置。经过一年的观测和研究，他并没有发现由于地球绕太阳运动而产生的视差，却发现恒星自身会沿着一条弯曲的路径运动。赫歇尔将这一现象解释为多个恒星围绕着一个共同质心旋转，并最终被法国天文学家菲利克斯·萨瓦里[91]对下台二[92]的观测结果证实。这一发现开启了双星观测和编目的黄金时期，并持续到19世纪天文摄影学出现。目前已知并测量过轨道参数的双星超过10万颗[93]，许多早期的测量数据都是通过目镜测微计得到的。

▲ 安装在布朗大学拉德天文台望远镜目镜上的现代测微计。

26

▲ 如果没有跟踪装置，通过望远镜
只能看到围绕天极旋转的恒星。
这是一张拍摄于智利阿塔卡马沙
漠的星轨照片，曝光长达数小时。

转仪钟
望远镜的全新工作模式

公元 1674 年

如果你愿意多花一点时间凝视星空，你将会注意到星星不会停留在原地。地球每时每刻都在绕着自转轴转动，每 23 小时 56 分 04 秒转过一圈。这意味着望远镜中的天体会缓慢地在视场中移动，让观测者十分恼火。首先想到去补偿星空这种不舍昼夜转动的人，是中国宋朝的苏颂[94]，他把一种精巧的水钟装置安装在了中国的浑天仪上，建成了开封水运仪象台。直到 18 世纪大型望远镜出现之前，这种技术还只是一种新奇的念头。英国天文学家罗伯特·胡克[95]在 1674 年写了一篇关于如何把时钟机构运用到望远镜上的论文。不久后的 1685 年，乔凡尼·卡西尼[96]发明了第一台带有转仪钟的航空望远镜[97]。第一台真正使用转仪钟驱动的望远镜是由专业的仪器制造师约瑟夫·冯·夫琅和费[98]于 1824 年建造的。这台口径约 25 厘米的折射望远镜名为"大多尔帕特"[99]，坐落于爱沙尼亚塔尔图

天文台，它安装有一个赤道仪和一个转仪钟，后者可以驱动赤道仪的赤经轴以跟踪地球的自转。

早期的转仪钟由下落的重物"驱动"。尽管电动机在 1834 年就问世了，但是功率足以驱动转仪钟齿轮的电动机直到 19 世纪末才出现。在随后的 20 世纪里，转仪钟仍然是一种由电动机驱动齿轮组构成的纯机械装置。当电子计算机的计算速度快到可以修正非赤道式的地平望远镜（地平式支架的工作原理基于地平坐标系，用高度角和方位角来描述一颗恒星的位置。高度角指的是物体离地平面的高度，方位角则是物体在地平面上的投影与某个方位的角距离）的跟踪难题时，转仪钟的设计出现了巨大的飞跃。如今，几乎所有大于 2.74 米的现代望远镜都使用由计算机和步进电机驱动的地平式支架，它可以连续地计算出观测目标的对应的方位角和仰角，并以每秒钟几次或更快的频率调整望远镜的指向。

正是有了这些基本设备，让望远镜实现了数小时精确跟踪，这是对暗弱天体开展光谱和照相研究的先决条件。无论是机械的还是电子的，如果没有转仪钟的存在，以发现宇宙膨胀和拍摄遥远行星表面细节为代表的绝大多数 20 世纪天文学著名观测，就都成了天方夜谭。

▲ 这台转仪钟一直与加州威尔逊山天文台的 60 英寸望远镜一起使用，直到 1968 年被步进电机和电子控制系统取代。

27

子午仪
编目星表的得力助手

约公元 1690 年

早在 GPS 系统[100]出现之前，导航需要使用一台精确的钟表确定经度，再用一台六分仪确定纬度。为了让这些仪器准确工作，导航员必须查阅星表，这是收录了一组恒星和行星位置的表格。几个世纪以来，天文学家们一直热衷于编纂更精准的星表，而完成这项工作则依赖于高精度的天文测量。

公元 1690 年左右，丹麦天文学家奥勒·罗默[101]发明了子午仪，为星表编目工作提供了一种有力工具。下页图片中展示的是奥地利维也纳的库夫纳天文台子午仪。19 世纪时，加装了望远镜的子午仪被世界各地的天文台和海军观测站广泛使用，天文台通过测量恒星的位置并观测过中天来校准钟表。在 WWV[102] 的短波

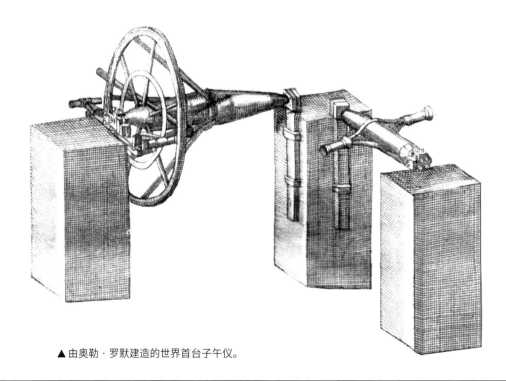

▲ 由奥勒·罗默建造的世界首台子午仪。

电台授时站和原子钟发明之前，这些经过校准的钟被安装在船舶上作为主要的时间标准，并用来校准确定经度用的航海时计。

子午仪（或中星仪）望远镜的设计使它只能沿着当地的南北子午线移动。一颗恒星的赤纬（一种类似于地球纬度的天文坐标）就是它在这条子午线上的位置，知道显微镜读数就可以精确地读出这个坐标。在目镜中有一个细线组成的十字分划板，指示出垂直于子午线的参考坐标，也就是恒星的赤经（一个类似于地球经度的天文坐标）。如果一颗已知赤经的恒星正好在分划板上跨过子午线，观测者就可以精确地计算出当地恒星时，这可以用来校正天文台的时钟；反之，如果不知道该星的赤经，你可以使用本地时钟记录下该恒星在目镜中过中天的确切时间，以这种方式计算恒星的赤经。

用子午仪来编目精确的星表是一项单调乏味的工作，首先你需要列出感兴趣的恒星，然后对这些恒星开展过中天计时观测以获得它们的天文坐标。1801 年，法国天文学家杰罗姆·拉朗德[103] 发表了当时最先进的星表，记录了 47 000 多颗亮度大于 9 等的恒星。随后取而代之的是 1862 年出版的、包含 32 万多颗恒星的《波恩星表》[104]，这也是摄影术出现之前最全面的星表。多亏了过中天计时观测法，人们测量恒星坐标的精度达到了 1 角秒。

▶ 库夫纳天文台的
19 世纪子午仪。

28

斯基德波尼人的星图
以观星闻名的美洲印第安部落遗物

公元 18 世纪

18 世纪早期，生活在美国中部大平原上最强大的原住民部落之一，是人口达 6 万多的波尼族。其中，斯基德波尼族（土著语言中"狼人"或"似狼之人"的意思）是居住在内布拉斯加州北普拉特河沿岸的波尼族分支，他们精于研究星空。在他们的信仰体系中，是星星让他们汇聚成家庭和村庄，教他们如何生活并举行他们的仪式。斯基德波尼人的村落甚至按照天空中某些重要恒星的几何关系进行布局。

与生活在北美洲的其他土著部落一样，波尼人的历史和知识传承依赖于口口相传，因此，保存了几个世纪的书面记录或艺术作品十分罕见。幸运的是，有些东西依旧被保留了下来，如一块 56 厘米长、38 厘米宽的软鹿皮。这块鹿皮是人类学家乔治·多尔西[105]和詹姆斯·穆里[106]发现的众多文物之一，并在 1906 年把它送往芝加哥自然历史博物馆保存。穆里是一位悉心研究波尼族习俗的人类学家，他自己也有部分波尼血统。这张被称为斯基德波尼人星图的鹿皮，被包裹在编号为 71898 的波尼族圣物包[107]中，这个圣物包也被波尼人称为"大黑流星包"。虽然绘制这幅星图的具体日期不可考，但是大致可以确定在 18 世纪左右。这块兽皮上用叉和点作为记号标记出了主要恒星和星座的位置，其中不仅有 6 个叉代表的昴星团、拱极星座大熊座和小熊座、北极星（波尼族人称为不会走的那颗星）的标记，还有略低于昴星团的 V 形叉代表的金牛座毕星团；皮面上绘制有代表北冕座的弧形记号，以及星图中心一些呈斑点状分布的点——可能代表着银河。总之，这件鹿皮星图不仅是美丽的艺术品，更是斯基德波尼人非凡观察力的最好证明。

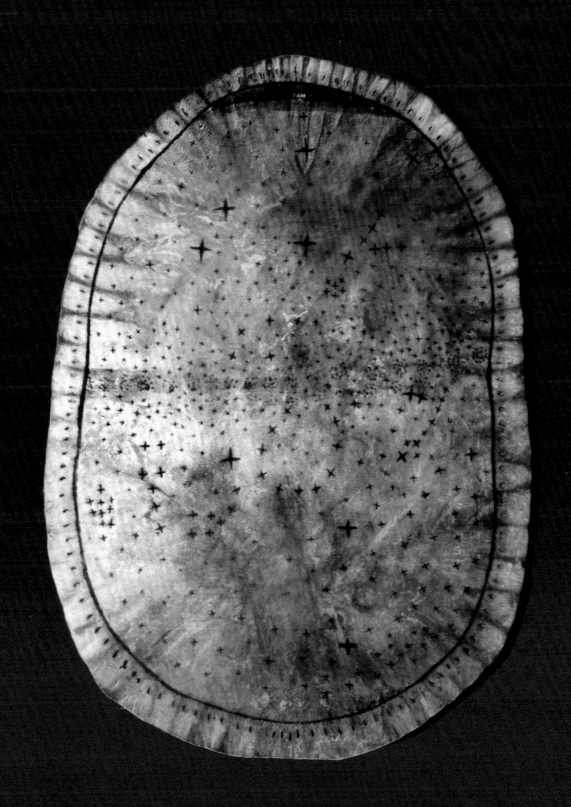

◀《哈珀周刊》[108] 的一期封面，描绘了儿童们正透过烟熏玻璃观赏 1882 年的金星凌日。

▼ 现在的日食观测眼镜。

29

观测太阳的烟熏玻璃
一种普及天象观测的早期日食眼镜

公元 1706 年

烟熏玻璃这种廉价的太阳观测工具历史悠久，它的起源早已被时间埋没，不过在历史文献中仍然有迹可寻。其中，最早的记录可能是一封刊登在《伦敦皇家学会哲学汇刊》上写给编辑的简短信件，记录了 1706 年 5 月 12 日的日全食。

信中阐述的方法很简单：当一块稍稍倾斜的玻璃靠近蜡烛火焰上方时，燃烧产生的烟炱（tái）最终会覆盖一大片区域，其密度足以使阳光大大减弱。

早在 19 世纪，专业的太阳观测人员就开始使用特制的滤光器进行安全观测，但这些专业设备对于普通人来说还是太昂贵了。在 19 到 20 世纪观赏日全食时，十分盛行用烟熏玻璃制作的简单易得的"滤光器"。在一些特殊天象发生时，如 1874 年和 1888 年的金星凌日，报纸报道有成千上万人用烟熏玻璃观察金星在太阳圆盘上的移动。事实上，烟熏玻璃并没有让阳光衰减到无害水平，观测太阳仍然可能伤害视网膜，不过至少比裸眼观测好。虽然这种观测方式有潜在的风险，但烟熏玻璃还是让看日食成为万人空巷的盛事，激发了公众对天文学的兴趣。

19 世纪末，眼科医生开始警告大众，使用烟熏玻璃观察太阳可能会对视网膜造成损伤。1912 年 4 月的欧洲日食期间，德国报告了 3500 多例视网膜损伤病例。这样的案例在 1947 年 11 月 12 日的日食后也经常见诸报端，这场在洛杉矶上空发生的日食导致数十名儿童视力受损，并且视野中出现黑斑。

直到 20 世纪 40 年代，人们仍在使用烟熏玻璃。但这种方法开始逐渐失宠，因为以新英格兰的哈维和刘易斯眼镜公司为代表的一批商业公司，为 1932 年 8 月 31 日缅因州波特兰将发生的日全食开发了专用的"日食观测镜"。这个价值 10 美分的纸板眼镜有一对高密度胶片制成的镜片，比烟熏玻璃更干净方便。

时光飞逝，到了 2004 年和 2012 年的金星凌日以及 2017 年 8 月 21 日在北美发生的日全食，你会发现 80 多年后的太阳观测眼镜在基本设计上与过去并无不同，只是增加了更多的滤光片来过滤有害辐射。随着安全性的提高，参与此类天文观测活动的人也越来越多。美国国家航空航天局（NASA）等科研机构已经向公众发放了数以百万计的现代日食眼镜。自 2004 年以来，全世界估计有 10 亿人观看了太阳天象——如今也更加安全了。

30

陀螺仪
维持火箭笔直飞行的关键设备

公元 1743 年 [109]

早期的火箭一直都被一个问题困扰——即使垂直地发射，一旦火箭在空中遇到侧风和侧向力也会倾斜坠毁。1934 年，德国科学家找到了解决这个问题的良方，那就是陀螺仪。陀螺仪是一个绕轴高速旋转的质量块，具有很大的角动量。当出现改变方向的外力时，陀螺仪会趋于抵抗这一外力，并保持其自转轴指向的稳定。德国科学家发现，这种旋转的刚体就像一只强大的无形之手，可以让火箭在垂直飞行时维持稳定的航向。但是，大型火箭的质量过于庞大，仅靠陀螺的"蛮力"无法奏效。1935 年 3 月 28 日，美国火箭科学家罗伯特·戈达德 [110] 提出了一个更巧妙的方法：用三个陀螺仪作为火箭的姿态（方向）传感器。

▲ 戈达德火箭上陀螺仪的特写。

无论风况如何、火箭的质量多少，这些陀螺仪传感器都被直接连接到控制火箭燃气舵的一个系统上，系统通过控制舵面的转向，将尾焰以特定的角度导出火箭，从而使火箭保持垂直的姿态。在 A-5 火箭发射时，戈达德还演示了这个系统可以由程序控制，让火箭小心地进入水平飞行状态——这正是让火箭进入轨道必不可少的机动措施。由于戈达德公开发表了自己的方法，他的设计后来被沃纳·冯·布劳恩[111]采纳，让纳粹德国研发出了极其成功的 V-2 火箭。

▲ V-2 火箭上的飞控陀螺仪。

1961 年 5 月 5 日，在尤里·加加林[112]搭乘红石火箭[113]完成人类首次在轨飞行三周后，艾伦·谢泼德[114]在狭窄的"自由 7 号"飞船中飞到了 187.5 千米的高空中，成为第一位进入太空的美国宇航员。如果没有精确的惯性导航系统，这些险中求胜的早期载人飞行自然无法实现。可以说，整个现代航天都建立在一个简单的陀螺上。

31

电池
航天器的续命法宝
公元 1748 年

如果没有电力，在 20 世纪最初的几十年间，天文学和航空航天领域将不会取得任何进展。但是探究"电"是如何被发现的则是一个复杂的故事，需要追溯到古希腊时期。那时，泰勒斯首先注意到被摩擦后的琥珀会吸引灰尘。然而，直到 1745 年，第一个电容器莱顿瓶[115] 的发明才让电荷可以被存储以供仔细研究。3 年后的 1748 年，本杰明·富兰克林[116] 改进了原始的单罐设计，他把多个电容连接起来组成了第一个"电池"，这款"电池"的放电电流大到足以致命。人们设计出了形形色色的旋转机械来给"电池"充电，但是这些装置都不能持续地输出充电电流。直到 1800 年，意大利物理学家亚历山德罗·伏特[117] 创造出了划时代的发明——化学电池。

伏特的电池由交替堆放的铜片和锌片组成，片与片之间用盐水浸泡过的布隔开。当多个这种单元堆叠起来，连接底部铜板（正极，或称为阳极，用 + 表示）和顶部锌板（负极，或称为阴极，用 - 表示）的导线中就会产生连续的电流了。

每个铜－布－锌组成的单元能够产生 0.76 伏特的电势差，所以像汉弗莱·戴维爵士[118] 在 1808 年建造的由超过 2000 个单元堆积的电池，在第一次点亮弧光灯的演示实验中就产生了超过 1500 伏特的电压。

◀ 一个由四个莱顿瓶组成的简单电池。

电池是天文学和太空探索中必不可少的一项技术。在太空中，太阳能电池板或放射性同位素热发电机可以输出电能，但在大多数情况下，这些电源产生的电能必须储存起来以备不时之需，尤其是当太阳被行星阴影遮住时。在 20 世纪 60 年代早期，航天器使用镍镉电池作为太阳能电池板系统的一部分。在 20 世纪 70 年代，更强大的锂电池被研发出来。

随后的世纪之交，锂离子电池开始主导太空和地球的商业市场，从移动电源到手机、笔记本电脑和其他设备，都有它的身影。最初，NASA 在国际空间站中使用的是镍氢电池，但现在已经被替换为更强大的锂离子电池。哈勃太空望远镜于 1990 年发射升空，环绕地球一周的时间约为 95 分钟，每圈要在地球的阴影下飞行大约 36 分钟。在 2009 年更换电池之前，它原装的 6 个镍氢电池已经持续工作了 18 年，为哈勃空间望远镜提供了 450 安时的电力。

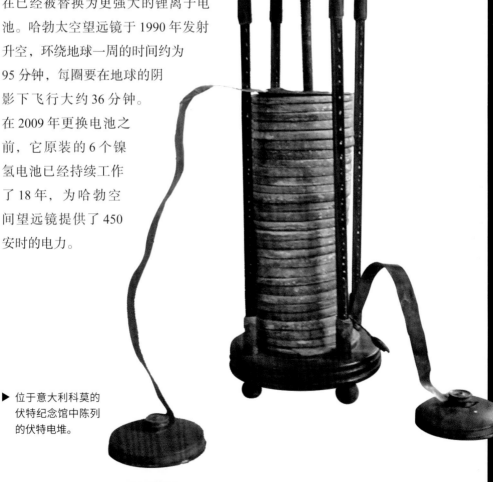

▶ 位于意大利科莫的伏特纪念馆中陈列的伏特电堆。

32

罗齐埃和阿朗德的热气球
初探天空

公元 1783 年

毫无疑问，如果没有上千年来人类对飞行的向往，20 世纪后半叶的载人航天飞行就是痴人说梦了。当我们谈及早期的航空飞行时，首先想到的是飞机和喷气式飞机，始于 1903 年莱特兄弟[119] 在北卡罗来纳州基蒂霍克的首次飞行试验。但在此之前我们已经打破了重力束缚，在空中翱翔。这个故事要从气球说起。

1783 年 9 月 19 日，在完成了多次试验后，约瑟夫·米歇尔·孟格菲和雅克·艾蒂安·孟格菲[120] 两兄弟成功将一个兜着火焰燃烧产生的热空气的袋子送上天空，这是历史上第一次热气球飞行，乘客们分别是一只羊、一只鸭子和一只公鸡。热气球在 8 分钟飞行时间内抵达了 460 米的高度并安全着陆。1783 年 11 月 21 日，让·弗朗索瓦·皮拉特雷·德·罗齐埃[121] 和弗朗索瓦·洛朗·勒维尤·德·阿朗德[122] 乘坐无栓气球完成了首次载人热气球飞行，飞到了 920 米的高空。驾驭热空气是一种极其危险的飞行方式，在人类飞行史早期，曾有多个气球着火。世界上第一起空难就是热气球坠毁：1785 年 5 月 10 日，爱尔兰图拉莫尔镇发生了一起严重的热气球事故，事故引发的大火烧毁了 100 余栋房屋。因此，雅克·亚历山大·塞萨尔·查尔斯[123] 有另一个想法：为什么不用更轻的氢气燃烧加热空气呢？

1783 年 8 月 27 日，阿内·让·罗伯特和尼古拉·路易斯·罗伯特兄弟[124] 为查尔斯建造了世界上第一个氢气球，并完成了其处女航。同年 12 月 1 日，查尔斯和罗伯特兄弟进行了首次载人飞行。为了不浪费这次长达 2 小时的 550 米高空飞行机会，他们携带了一个气压计和一个温度计来测量地球表面大气参数。后来，查尔斯独自一人飞上了海拔 1830 米的高空。

虽然气球常用于气象学研究，但奥地利物理学家维克多·赫斯[125] 首次将气球用于天文研究领域。1911 年到 1913 年间，他驾驶气球飞到几千米的高度，携带简单的验电器来测量不同高度空气的电荷量。在 1912 年 4 月 17 日的日食期间，他发现即使在没有阳光的情况下，空气仍然充满电，因此他得出结论——大气带

PREMIER VOYAGE AÉRIEN EXÉCUTÉ DANS UN AÉROSTAT À GAZ HYDROGÈNE PAR CHARLES ET ROBERT, Le 1ᵉʳ Déc. 1783. DÉPART DES TUILERIES.

COLLECTION 476.   1ʳᵉ Série (N.º 5)   ROMANET & Cⁱᵉ IMP. EDIT. PARIS.

电的原因一定是因为太空中的什么东西。罗伯特·密立根 [126] 在 1928 年发现，宇宙射线正是大气带电的来源。20 世纪 70 年代后，探空气球（现在用氦气填充）被经常用于各种各样的科学观测，这些气球飞行的高度可达 3 万千米。

33

威廉·赫歇尔的 40 英尺望远镜
当时世界上最大的科学仪器

公元 1785 年

早在投身天文研究之前，18 世纪 70 年代的弗雷德里克·威廉·赫歇尔还是一名颇有造诣的音乐家，一共有 24 首交响曲、协奏曲和教堂的管风琴作品以他的名字命名。但是，当他开始建造那台口径 15 厘米、长 2.13 米的望远镜时，赫歇尔的人生轨迹发生了改变，让他在另一个领域的功勋更为卓著。自此以后，赫歇尔开始积极搜寻和编目双星，这也是"后牛顿时代"的热门研究课题之一。1781 年 3 月，在用望远镜寻找双星时，赫歇尔发现了一个正在视场中移动的暗弱天体——也就是后来的天王星，人类在公元后发现的第一颗行星。

1782 年到 1802 年间，赫歇尔用这台自制的望远镜编制了包含 2500 个非恒星天体的目录，并且将其中 2400 多个天体按照形态归类。赫歇尔的深空天体目录分为三部分，分别于 1786 年、1789 年和 1802 年出版，这一目录也被称为《星云星团总表》（天文学中简称为 GC）。这一星表后来被赫歇尔的妹妹卡罗琳·赫歇尔[127] 和他的儿子约翰·赫歇尔[128] 扩充为《星云星团新总表》（简称为 NGC）。经过几个世纪的增补和修订，NGC 已经成为现在最全面的深空天体星表，至今仍在使用中。其实，现在天空中每一个被研究过的明亮星云和星团都有自己的 NGC 编号，如猎户大星云的编号就是 NGC 1973。

1785 年，赫歇尔在英国国王乔治三世[129] 的资助下建造了一座 40 英尺望远镜[130]。这是当时世界上规模最大的科学仪器，主反射镜（这是一面由铜锡合金铸成，经过塑形、打磨抛光成型的反射镜）直径为 1.2 米，镜筒长度为 12 米（40 英尺）。根据赫歇尔描述，这台巨大的望远镜使用起来十分笨重，而且成像也没有他的小望远镜那么清晰，但这并不影响 40 英尺望远镜扬名于世，并且创造了一个又一个历史上的第一。赫歇尔建造它的时候，它是有史以来最大的望远镜；赫歇尔用它发现了土星的 2 颗卫星——土卫一和土卫二；它还代表了当时最先进的金属镜面制造工艺。直到 1845 年，第三代罗斯伯爵威廉·帕森斯[131] 建造的口径 1.8 米的"帕森斯镇的利维坦"[132] 才超越了 40 英尺望远镜。

34

分光镜
揭示恒星组成的奥秘

公元 1814 年

艾萨克·牛顿[133]爵士用一块简单的棱镜解析了太阳光的特性，但是这个简单仪器经过德国物理学家约瑟夫·冯·夫琅和费天才般的改造后，才发展到能够满足实验需求的新阶段。夫琅和费是当时杰出的光学家和精密科学仪器制造师，他使用黄铜和抛光玻璃制作了许多仪器，用以改善光学镜片和望远镜的精密制造工艺。不过，如果想让超精密镜片的精度提升一个数量级，就需要单色光源来辅助加工。为此，夫琅和费开发了一种基于棱镜和衍射原理的仪器，可以从太阳光中提取单色光。正是这种技术需求，让他无意间发现了阳光和星光最有用的特征——它们携带着产生阳光和星光的原子的信息。

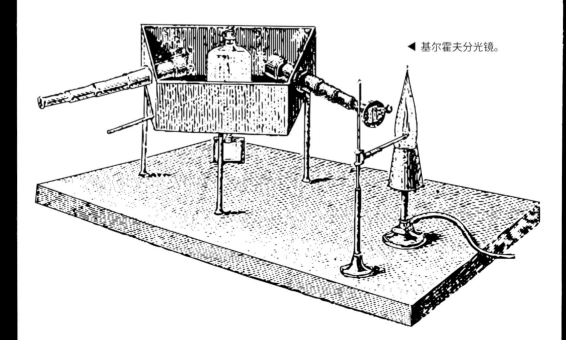

◀ 基尔霍夫分光镜。

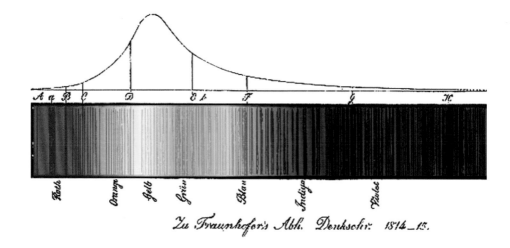

▲ 夫琅和费发表的太阳光谱草图的彩色版。

时至 1814 年，人们已经了解到光线的折射程度取决于其波长，但阳光是很多种不同"颜色"光线的混合物。夫琅和费用棱镜和望远镜研究高放大倍率下色散的阳光，并发明了一种能够清晰展现这些光谱的装置——分光镜。这是一台经纬仪式望远镜，看起来和那些天文学家的望远镜别无二致，区别在于夫琅和费的分光镜中，阳光会首先透过棱镜，然后再进入望远镜。夫琅和费并没有仿照牛顿的著名实验，用窗户上的针孔引入一束阳光，而是用一条狭缝取而代之。夫琅和费在得到的光谱中发现了 600 多条暗线，无论光源是直接来自太阳的阳光还是月球反射的阳光，这些暗线的位置始终如一，有些暗线甚至可以从灼烧矿物产生的火焰中被观察到。如今，这些太阳光谱中的显著暗线被称为夫琅和费线。

后来，古斯塔夫·基尔霍夫[134]和罗伯特·威廉·本生[135]发现，这些线条是氢氧等元素吸收发光物体光谱中特定波长光子产生的。夫琅和费与他同时代人们的发明彻底改变了天文学。从此，你可以测定太阳、恒星或其他任何发光天体的元素组成。如果没有这一项关键技术，现代天文学将一直停滞在我们仍不知道宇宙是由什么组成的 18 世纪。

35

达盖尔银版照相机
天文摄影的到来

公元 1839 年

几千年来，天文学家只能通过雕刻和粗糙的简笔画来记录他们在天空中看到的景象，这些记录载体往往是观察者主观想法的体现，并不是视野中物体的客观反映。天文学艺术的技巧和准确性在 19 世纪早期达到了一个新的高度，但很快就被一种新到来的技术所取代，那就是胶片照相机。

法国人路易斯·雅克·曼德·达盖尔[136]发明了世界上第一台银盐照相机，并从 1839 年起开始向全世界推广。19 世纪早期，人们开始实验各种各样的摄影技术，而达盖尔的银版摄影法很快就脱颖而出。达盖尔没有为他的发明申请专利，也没有从中获利，因为法国政府以给予达盖尔终身退休金为交换条件获得了这一专利授权。从 1839 年 8 月 19 日起，法国政府将银版摄影法作为国礼免费赠送给全世界。到 1853 年，仅一年间，美国国内就拍摄了大约 300 万张银版摄影作品。

银版摄影法一经推广，很快就被用于天文学研究。1839 年，法国物理学家和数学家弗朗索瓦·阿拉戈[137]在法国众议院发表了一场演讲，他列出了一长串摄影术的应用，其中就有天文学。早在 1839 年初，达盖尔本人就曾尝试拍摄目前已知的第一张天文照片，但据称，这张照片失焦了，并且在随后的一场火灾中被焚毁。

一年后的 1840 年 3 月，纽约大学化学教授约翰·威廉·德雷珀[138]成功地拍出了第一张焦点清晰的月球照片，这是一张用 12.7 厘米口径的反射望远镜拍的银版照片，曝光时间 20 分钟。太阳的第一张银版照片可能由法国物理学家莱昂·傅科[139]和希波吕特·斐索[140]在 1845 年拍摄。1842 年 7 月 8 日，意大利物理学家吉安·亚历山德罗·马约基[141]在他的家乡米兰首次尝试拍摄日全食，但以失败告终。1874 年 12 月 9 日发生金星凌日时，法国科学家皮埃尔·儒勒·塞萨尔·让森[142]用一组银版照片成功地捕捉到了金星穿过太阳表面的运动过程。

直到 19 世纪 70 年代更加先进和简便的胶片感光材料诞生之前，天文学研究一直使用达盖尔发明的银版摄影法记录观测。但早在它被淘汰之前，银版摄影法就已经在太空探索史中获得了无可撼动的地位，因为它为我们提供了第一张太空照片。

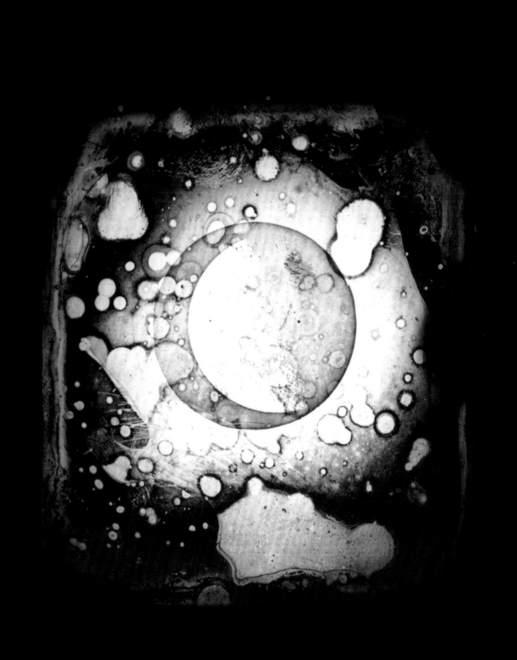

36

太阳能电池板
航天器的"燃料"

公元 1839 年

1839 年，19 岁的法国人亚历山大·贝克勒尔[143] 在他父亲的实验室里做实验时，把氯化银混合到了酸性溶液中，并将其暴露在阳光下，居然发现溶液产生了电流，这就是被称为"光伏效应"[144] 的历史性发现。19 世纪 70 年代，人们在硒中观察到了光伏效应，这种元素是硫黄矿石加工过程中产生的廉价副产品。为了观察这一现象，你首先需要把熔化的硒倒在一块铜板上制作一个电极，然后用金箔覆盖它，形成第二个电极。当光线照射在半透明的金箔上时，神奇的事情发生了，硒与金的结合处会迸射出电子，从而在两极间产生电流。这一发现不仅是一个神奇的化学实验，还孕育了 150 多年后的绿色能源革命。

▶ 弗里茨屋顶上的太阳能发电系统，
图片源自一张老明信片。

◀ 国际空间站上的太阳能电池阵列。

　　时光飞逝，到了 1883 年，34 岁的美国发明家查尔斯·弗里茨[145] 发明了第一块太阳能电池，他在自己位于纽约市住宅的屋顶上安装了太阳能电池板，成为历史上第一个尝试利用太阳能发电的人。弗里茨屋顶上的太阳能板仅能够将吸收阳光中的 1% 转化为电能。但他启动太阳能电池板的瞬间，也开启了光伏发电技术稳步改进和实用化时代的大门。最终，太阳能电池飞向星空，成为航天器的"帆板"。

　　当然这是后话了，在此之前，显著提升转化效率是光伏发电技术亟待迈出的第一步。1941 年，美国工程师罗素·奥尔[146] 用硅锂电池研制出第一款公认的现代太阳能电池。但直到 1954 年，转化效率达到 6% 的太阳能电池才被研制出来。高效太阳能电池的问世普及了太阳能在电子消费产品中的应用，如 1957 年的第一台太阳能收音机（以及后来在 20 世纪 70 年代推出的太阳能计算器和手表）。至此，光伏电池才做好了被用于太空飞行的准备。

　　这项技术并没有被应用到美国第一颗人造卫星"探索者 1 号"上，因为这颗卫星只是对苏联发射的人类首颗人造卫星"斯普特尼克 1 号"的仓促回应。汉斯·齐格勒博士[147] 是在太空中使用太阳能的先驱，"先锋 1 号"卫星的设计中就采用了太阳能电池板。在 1958 年"先锋 1 号"被发射后，它成了太空中第一个搭载太阳能电池板的航天器。

　　今天，光伏电池仍然是卫星系统的主要发电设备。在太空中使用太阳能电池板有两个原因：一是驱动卫星上的小装置和小元件，包括加热和冷却；二是用于推进。太阳能电池板对卫星的工作至关重要，所以它们通常可以旋转，以保证卫星在不同的姿态下，太阳能电池板都能正对阳光。

　　毫无疑问，目前太空中拥有最大太阳能电池阵列的航天器就是国际空间站，它使用了 262 400 块太阳能电池单元，这些电池阵列加起来面积有半个足球场那么大，工作时产生的电量可达 120 千瓦，足以维持空间站的运行。

37

▼ 1845 年左右，威廉·帕森斯手绘的 M51 涡状星系。

帕森斯镇的利维坦¹⁴⁸
大型合金望远镜的绝唱

公元 1845 年

廉·帕森斯是一位富有的天文学家，他继承了父亲在爱尔兰奥法利郡的财产，成为第三代罗斯伯爵。出于对天文的热爱，帕森斯从牛津大学数学专业毕业后，制造了一些用铜锡合金片作为镜片的望远镜。帕森斯提出了一个研究计划——他想去证实康德的太阳星云假说。这是一个在 1755 年由伊曼努尔·康德¹⁴⁹ 提出的假说，猜想行星系统是由旋转、引力坍缩的气体圆盘形成的，康德还在威廉·赫歇尔收录的众多星云中找到了相关的例子来佐证自己的假说。为了实现这个目标，帕森斯必须建造一架巨大的望远镜，才能清楚地看到星云模糊外形下隐藏的黯淡细节。

帕森斯面临的挑战在于，他需要为牛顿反射望远镜制作出史无前例的 1.83 米巨大铜锌合金镜片¹⁵⁰。那时候没有技术指导手册，也没有人愿意分享研磨和修磨（把镜子打磨成完美的光学形状的冷加工方式）这样一个 3 吨重巨型镜片的技巧。1842 年开始，在帕森斯和一群建筑工人的辛勤劳作下，被称为"帕森斯镇的利维坦"的望远镜终于在 1845 年竣工。然而，爱尔兰马铃薯饥荒¹⁵¹ 接踵而至，帕森斯被迫放弃天文研究，转而为那些需要帮助的人提供资金和援助。1848 年的饥荒末期，帕森斯着手进行天文观测，随后绘制了 M51¹⁵² 涡状星系和 M1 蟹状星云的速写——这是他开展的第一项研究。这台非凡的光学设备足以看清 M51 旋臂的细节，证明这个天体不是星云，而是大量恒星受"动力学规律"约束形成的星系，这也是帕森斯的代表性成果。直到 1890 年，利维坦望远镜才停止了工作。之后的 1917 年，南加州威尔逊山天文台建成了口径 2.5 米的胡克望远镜，利维坦望远镜的霸主地位才被撼动。

这个庞然大物在大型望远镜的工程技术和光学设计领域占据着难以撼动的历史地位。利维坦望远镜拥有人类制作的最后一面大型金属主镜，它证实了当尺寸大到一定程度后，使用铜锌合金制作反射镜存在大量弊端，如难以加工成型，容易氧化褪色等，这驱使后来的工程师寻找替代材料。1856 年，卡尔·冯·斯坦因海尔 [153] 和莱昂·傅科发明了一种工艺，能够将一层银薄膜沉积在一块玻璃上。1879 年，安德鲁·康芒 [154] 制造了第一个直径为 0.91 米的镀银玻璃镜片望远镜，开启了不断刷新单一镜片望远镜最大口径纪录的竞赛，例如，1917 年在威尔逊山天文台落成的 2.5 米胡克望远镜和 1948 年在帕洛玛天文台落成的 5 米海尔望远镜。从 1668 年牛顿的望远镜到 1890 年的帕森斯镇的利维坦，合金反射望远镜从众多望远镜设计中脱颖而出，成为当时大型望远镜的首选形式。在技术更替的浪潮中，利维坦望远镜为熠熠生辉的金属镜片时代画上了句号。

▲ 威廉·克鲁克斯设计
的一款克鲁克斯管，
其中阴极是一个凹面。

▲ 克鲁克斯管的一个现
代复制品，电子束发
出绿色的辉光。

克鲁克斯管
探测和计量粒子

公元 1869 年

天文学家使用质谱仪来测定给定粒子的质量，无论这个粒子是来自宇宙射线还是被困在某个行星的辐射带中都能测出。判断一个粒子究竟是一个普通的氢原子，还是一个奇异的铁原子或铀原子十分重要，因为这会对我们解释宇宙的理论产生很大的影响。如果天文学家无法区分这些粒子，我们对宇宙的理解就不可能取得长足的进步。

1869 年至 1880 年间，英国物理学家威廉·克鲁克斯[155]测试了各式各样的放电管。这些局部真空管道一端有一个金属板（阴极），另一端放置有第二个板（阳极），在两个电极之间安装电源后，填充在管内的气体就会发出绿色荧光。之后，形状像马耳他十字[156]的阳极就会在它身后的玻璃墙上投射出阴影。

在 19 世纪末，人们做了大量的实验来探究这种被称为阴极射线的绿色荧光到底是什么。在另一种阴极射线管的设计中，阳极被一个中间有孔的圆盘取代，这样阴极粒子就可以在电子管内部形成肉眼可见的光束。1897 年，克鲁克斯在阴极射线上方放置了一块磁铁，他发现磁场的南北极方向决定了荧光束的路径会向上还是向下偏转。这个简单的实验与其他数目众多的实验一起，最终揭示了神秘的阴极射线粒子仅仅是电子。

在用相同的设备研究电离的氖原子时，英国物理学家约瑟夫·约翰·汤姆森[157]和他的助手弗朗西斯·阿斯顿[158]发现，这些原子经过磁场和电场后出现了分岔，产生了两个光点。这一实验证实了氖原子有两种不同的原子核：一种原子量是 22，另一种原子量是 20。较重的那个原子在当时被称为 metaneon[159]，后来我们知道这其实是氖元素的同位素，比正常氖原子额外多了两个中子。阿斯顿继续使用这种技术开展同位素研究，并建造了一个被他称为"质谱仪"的新设备。阿斯顿很快测试了其他各种元素，并发现它们都存在几种同位素。几乎所有同位素都是由阿斯顿鉴别出的，他一共发现了超过 200 种天然同位素。1922 年，他因使用质谱法发现同位素而获得诺贝尔化学奖，但这一切都始于半个世纪前发明的克鲁克斯管。

阿斯顿的质谱仪是空间科学研究的主力。如今，几乎所有航天器都携带质谱仪，以测定太阳风中的粒子、地球和行星辐射带中的粒子以及行星大气层的组成，质谱仪还被用来确定宇宙射线的性质。

39

三极真空管
电子设备的诞生

公元 1906 年

虽然在 1894 年，古格列尔莫·马可尼[160] 就已经发明了第一个赫兹波无线电报系统，但彼时的无线电信号过于微弱。直到 1906 年，美国工程师李·德·福里斯特[161] 发明的三极管真空管才解决了信号放大的问题。在真空管，尤其是三极管出现之前，马可尼无线电信号中不断变化的电流被直接输入耳机，转化为电磁力激励振膜发声。技术进步的焦点就在于逐渐提高耳机的灵敏度。三极真空管的发明极大地改变了无线电波接收器的发展，提高了输入耳机电流的实际强度。

德·福里斯特的三极管（美国专利号为 879532）同样由灯丝（阴极）和极板（阳极）组成，只比爱迪生的电灯泡稍微复杂了一点。灯丝被电池电流加热，

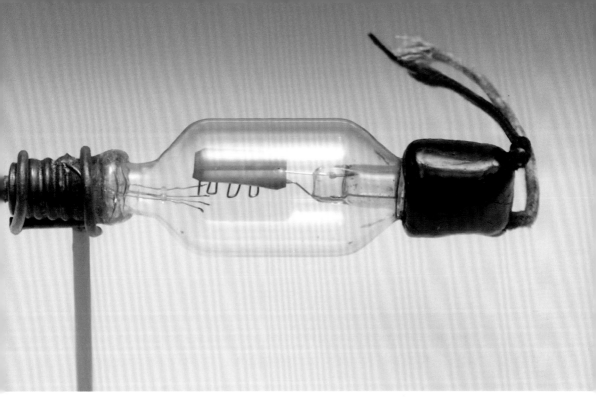

▲ 1908 年德·福里斯特制作的三极管。

当电子从灯丝中喷射出来时，它们穿越真空到达极板上，从而使管中存在电流。德·福里斯特在灯丝和极板之间放置了一个栅极（即三极管的第三极），他发现通过改变栅极上的电压，可以控制两个电极之间的丝状电流。事实上，施加到栅极上的电流要比两极之间的电流弱得多，所以这个装置其实起到了放大电路中较弱信号的作用。这种放大元件在 1912 年被埃德温·阿姆斯特朗[162]应用到第一个再生式无线电接收机的设计中。自此，无线电才可以被用于实用通信，并逐渐推广应用。

　　这就是太空探索的起源。我们无法选出一件开启太空时代的决定性物品，因为如今的科学技术都源于从前一点一滴发展的积累。但三极真空管可能比大多数器件都更接近这一地位，因为它的发明通常被认为是电子学的起点。发出电信号是探索太空的基础，不能进行远距离通信的航天器是无法工作的，正是三极管和后来的晶体管才催生了深空通信技术。时至今日，这种微弱信号的电子放大过程仍有助于我们探测来自遥远宇宙的无线电信号，帮助我们丈量星空和寻找地外生命。

40

离子火箭发动机
重新定义推进器

公元 1906 年

"**离**子火箭"听起来十分高大上，但是背后的技术基础却很简洁而优雅。其实几十年来，你的客厅里就暗藏着这么一个"离子推进器"，那就是电视。在 19 世纪末，人们就已经发现，从灯丝射出的电子束撞击荧光屏会使荧光屏发光，老式电视的显像管就是通过控制这束光来绘制图像的。电子以大约每小时 3058 千米的速度撞击屏幕，将动量传递到玻璃上，但由于显像管的惯性更大，耗散了电子动量——所以你看电视的时候电视机不会动起来。但是，如果你把同样的阴极射线管放在真空室中，并且让灯丝能够自由运动，灯丝在被点亮后就会朝着屏幕相反的方向运动，就像火箭一样。用阴极射线取代化学推进剂的想法早在 1906 年就为人所知，当时罗伯特·戈达德在他的实验笔记中记录了这种想法。其实，戈达德在开发离子推进火箭上耗费的时间，几乎和他开发液体燃料化学火箭的时间一样多。1920 年，他甚至还因"一种产生电离气体喷流的方法和手段"获得了一项专利。

随后，离子火箭发动机的整个概念在理论上取得了长足的进步，并由德国物理学家恩斯特·斯图林格[163]落实到火箭设计中。斯图林格后来与沃纳·冯·布劳恩一起研制出了 V-2 火箭。第二次世界大战结束后，冯·布劳恩的火箭团队几乎全体移民到了美国，他们继续进行着离子发动机的研发工作。但是直到 1961 年，NASA 才首次尝试使用这项新技术。1961 年 9 月 27 日，NASA 使用斯图林格的设计制作了第一款以铯和汞为工质的离子发动机，运行功率为 2000 瓦，直接促成了 1964 年首个采用离子推进器的卫星 SERT-1 发射升空。虽然这颗卫星的一个引擎没有工作，另一个引擎在恒推力下只工作了半小时，但是仍然为科学家提供了宝贵的数据，也证明了离子推进器可以在真空环境中工作。

在 20 世纪 80 年代起的商业卫星发射全盛时期，许多卫星都安装了离子推进器，以提供微小且温和的"轨道维持"推力，使地球同步卫星（固定在地球上空

某个位置的卫星）维持在指定的轨道位置上。但工程师们仍在继续设计更复杂的离子发动机，以攻克各种技术难题。

1998 年，NASA 的"深空 1 号"成为首个以离子推进作为主要推进源的航天器。它的发动机喷出淡蓝色的氙离子，在 16 000 小时的飞行中提供了 0.09 牛顿的稳定推力。离子推进器缓慢地改变着航天器围绕太阳轨道，最终使"深空 1 号"成功抵达 9969 号小行星布莱叶和 19P/ 包瑞利彗星，而这趟旅程仅仅消耗了约 150 千克氙气。其他航天器很快沿用"深空 1 号"的先进技术，例如，"隼鸟 1 号"（JAXA[164]，2003 年发射）、"SMART-1 号"（ESA[165]，2003 年发射）、"黎明号"（NASA，2007 年发射）和"贝皮·科隆博号"（ESA 和 JAXA，2018 年发射）。与此同时，工程师们也为提高离子发动机的推力而继续努力着，目前的纪录保持者 X3"火星引擎"已经在 2017 年的测试中达到了 5.4 牛顿的推力。

▲ 正在测试中的 X3 发动机。

41

◀ 威尔逊山天文台的 2.5 米胡克望远镜。

胡克望远镜
最著名的地基望远镜

公元 1917 年

如今，全世界有成千上万台功能强大的望远镜正在运行着，还有更多的望远镜已经退役或被拆除，想要从中评选出人类历史上最重要的望远镜是枉费工夫。因此，我们将换种思路，评选出其中最著名的一台望远镜——加州威尔逊山的胡克望远镜。这台当时闻所未闻的巨大望远镜有着各种各样稳固的支撑结构和一面直径 2.5 米的反射镜。

美国钢铁富商、业余天文学家约翰·达格特·胡克[166]出资 4.5 万美元（相当于今天的 100 多万美元），资助了望远镜的 2.5 米的反射镜以及打磨和抛光。与此同时，安德鲁·卡耐基[167]为建造望远镜机架和圆顶提供了资金支持。负责筹款的是乔治·海尔[168]，当时他已经因 1.52 米望远镜的建成而名声大噪。但筹集资金仅仅是个开始，后面的建设工作仍然困难重重。

首先，他们必须拓宽通往威尔逊山顶的 14.5 千米长的道路，还有为巨大的主反射镜准备镜坯。镜坯于 1906 年订购自法国圣戈班的一家玻璃厂，1908 年完成交付。之后，历经 5 年的打磨和抛光，这块 4 吨重的玻璃圆盘变成了一面反射镜。建设过程中最艰巨的挑战是设计转仪钟，它帮助望远镜抵消地球自转，始终指向观测目标。2 吨重的巨大齿轮由一个同等质量的重物下落驱动，不仅如此，在最后投入使用时，工作中的转仪钟必须要和瑞士手表一样精确。

从 1917 年落成到 1949 年，胡克望远镜一直是世界上最大的望远镜。在称霸望远镜的时期内，它取得了那个时代许多最令人兴奋的研究成果。1919 年，胡克望远镜装备了一个恒星干涉仪，首次测量出了 1 颗恒星（参宿四）的直径。1923 年，埃德温·哈勃用胡克望远镜观测了仙女星系中的变星，证实这些星云位于银河系之外。之后，在 20 世纪 20 年代后期，哈勃和他的同事米尔顿·赫马森[169]测量了几十个星系的视向速度，据此建立了哈勃定律，这是人类首次发现宇宙正在膨胀的证据。

▲ 在密西西比州做测试的 J-2X 发动机。每一台 J-2X 发动机重达 2.5 吨，其推力与安装在阿波罗登月使用的土星五号火箭上的 J-2 发动机相比，提升了大约 25%。

42

◀ 戈达德站在他的火箭旁边，火箭被安装
在塔架上等待发射。

戈达德的火箭
液体燃料首次登场

公元 1926 年 3 月 16 日

虽然是谁首先想到使用液体燃料代替固体燃料来发射火箭还存在一些争议，但是液体燃料火箭的首次飞行记录无可置疑。那是 1926 年 3 月 16 日，在马萨诸塞州的奥本市，罗伯特·戈达德用液氧和汽油作为推进剂发射了一枚火箭。戈达德后来在日记中写道："它（火箭）仿佛魔法般腾空而起，没有任何巨大噪声或明显的火焰，仿佛在说'我在这儿待挺久了，如果你不介意的话，我想去别的地方走走'。"那一刻，戈达德实现了一种可以用来制造未来巨大火箭的技术。

液体燃料比固体燃料威力更大，并且更容易按照指令精确地启动和停止燃烧，为实现更大的火箭和更高级的机动打开了大门。德国火箭工程师在 20 世纪 30 年代建造了液态燃料的 V-2 火箭，这是火箭迈向更巨大、更先进未来的第一步，并为 1957 年大名鼎鼎的首颗人造卫星"斯普特尼克 1 号"的发射铺平了道路。与固体燃料相比，液体燃料可控性更好，安全性更高，成为载人航天任务的首选。例如，NASA 的水星任务、双子座任务和阿波罗任务，这些任务成吨的发射需求对液体燃料推力的要求也越来越高。

时至今日，液体燃料火箭仍然是 21 世纪太空探索的主力，从向火星发射科学载荷到商业航天先驱研制的火箭发动机，例如，太空探索技术公司（SpaceX）的新火箭发动机默林 1D（20.55 万磅推力，约合 914 千牛）和蓝色起源的 BE-4（55 万磅推力，约合 2400 千牛）都在使用液体燃料。NASA 最新设计的液氢液氧发动机 J-2X，未来将为猎户座运载火箭（取代现已退役的航天飞机）提供 294000 磅（指推力，约 1310 千牛）的推力[170]。戈达德的火箭也许没有飞得很远，也没有制造出惊天动地的噪声或蔚为壮观的火焰，但它在太空探索史上写下了浓墨重彩的一笔，永远地改变了我们把航天器送入太空的方式。

43

范德格拉夫起电机
粒子天体物理的曙光

公元 1929 年

天文学建立在准确理解物质本质以及物质与时空相互作用的基础上。自 20 世纪初以来，人类对于粒子物理的理解逐步加深，这要归功于当时设计出的功能强大的实验设备——粒子加速器，更通俗的说法是"原子粉碎机"。在粒子加速器中，亚原子粒子被加速到极高的速度，然后和原子或其他粒子相互撞击，观察什么物质会被撞出。你可能认为只有质子和中子会被溅射出来，但事实上，根据阿尔伯特·爱因斯坦[171]的质能方程，碰撞产生的能量不仅会震动松散的亚原子粒子，还会使它们凭空产生。此外，根据量子力学的基本原理，一个粒子的能量越高，它的波长就越小。这意味着你可以通过碰撞粒子来看到更加微小的细节，就像显微镜的光源一样[172]。

但是，如果没有美国物理学家罗伯特·范德格拉夫[173]的工作，这些高速碰撞实验终究只是个美好的愿望。1929 年，在普林斯顿大学工作的范德格拉夫发明了一种巧妙的装置，可以使粒子加速到高能状态。电学中有个基本规律，如果增加导线中两点之间的电势差，导线中的电流就会流动得更快。这一规律也适用于闪电，当云和地面之间的电势差通过摩擦增加时，就会出现闪电。范德格拉夫起电机利用的正是摩擦原理，让高速旋转的传送带布料产生静电荷，电荷被收集在一个由绝缘体与地面隔离的球体上。随着电荷累积得越来越多，球体和地面之间的电势差逐渐增大，产生的电压可以用来加速其他带电粒子，并将它们集中在一个目标上，从而形成一个对撞机。

范德格拉夫发明和测试的第一台起电机，仅仅由一个普通的铁罐、一台小电

▶ 1933 年，范德格拉夫在麻省理工学院自制的一台起电机正在放出电火花。

机和丝带组装而成。在得到更多的资助后，他制造出了一台升级版起电机。时至 1931 年，范德格拉夫在报告中声称他实现了 150 万伏特的电压，他评价道："这台机器简单、便宜、便携，只需要一个普通电灯插座就能提供所需的全部电力。"

1937 年，西屋电气公司使用一台巨大的范德格拉夫起电机制造粒子加速器，以探索核科学在工业上的实际应用。这台起电机位于宾夕法尼亚州的森林山，高达 19.81 米。两条织布传送带沿着 14.33 米高的中塔向上连接收集球，整个系统被装在一个梨形的外壳中，里面充满了压力为 120 psi 的空气（约 8.17 个大气压），防止电荷从球表面泄漏到大气层中。在中塔内部的传送带之间，有一个长长的真空管，带电粒子通过它从收集球流向底部与目标碰撞。粒子所能达到的能量仅仅是收集球所能达到的电压差。因此，传送带运行的时间越长，收集球积攒的电荷和电压越高，加速器就能够达到更高的能量水平。这种在高能状态下的实验彻底颠覆了核科学研究。核能是当今航天器重要而可靠的动力来源，也是了解我们宇宙中的恒星和星系构成物质奥秘的窗口。

44

日冕仪
人造日食

公元 1931 年

几个世纪以来，天文学家对太阳的观测取得了激动人心的进展，他们发现太阳边缘有很多细小结构，会随着时间出现和消失，也就是说，太阳被它自己的大气层——日冕——包围着。要观测到日冕可不容易，就像你在夜间开车为了看清昏暗的道路需要关掉车内灯光一样，日冕比太阳的表面暗 100 万倍，通常被淹没在太阳光球层的光辉中，日冕的细节只在日全食的时候昙花一现。在日全食期间，月球挡住了刺眼的阳光，所以这些暗弱的细节可以很容易地被画出来或拍下来。

1931 年，法国墨东天文台[174] 的天文学家伯纳德·李奥[175] 提出了一种革命性的新方法，利用日食原理来提高望远镜观测太阳附近目标的能力，其基本原理很简单：在望远镜光路中，放置一个太阳大小的黑色圆盘遮罩，遮挡住太阳表面的光线，称之为掩模。这个方法说起来容易，实现起来却困难重重，因为要确定从物镜到目镜的光路中哪个位置应该精确放置遮罩并不容易。李奥致力于解决这个问题，最终，他不仅确定了遮罩的准确安装位置，还添加了自己的发明：一种被称为李奥光阑的孔径光阑，可以消除来自太阳的散射光。

李奥发明的巧妙系统是这样工作的：光线进入望远镜，通过透镜聚焦。在原本用来放置相机的主焦点位置上，李奥安装了一个精确匹配太阳直径大小的掩模作为替代，太阳四周源自日冕的光线可以从这个掩模的四周穿过。但是一个问题随之而来：这种遮罩在太阳周围形成了一个衍射环，使来自太阳盘面的杂散光与暗淡的日冕光混合，这就让光学设计变得复杂起来。通过遮罩的光线必须由第二个透镜重新汇聚，还得插入第二个遮罩以阻挡来自第一个遮罩的杂散光，然后再添加第三个镜片最终成像。经过这么一番折腾，现在你得到的就是一个完全覆盖在太阳上的黑色圆盘，没有衍射光，只剩下来自日冕的微弱光线。

随着技术的不断发展，日冕仪背后的原始概念为天文学家提供了不可思议的宝贵科学财富。20 世纪 90 年代末，NASA 和 ESA 联合研制的日冕仪，被安装在

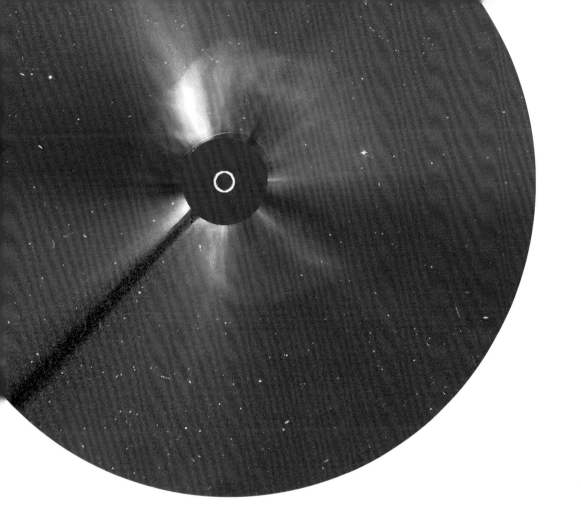

"太阳和日球层探测器"（即 SOHO 卫星）上，为科学家和新闻媒体提供了太阳风暴期间等离子体喷流的生动图像。当太阳风暴等太阳活动事件导致 SOHO 卫星失灵的时候，这些被统称为空间天气的现象首次成为人们茶余饭后讨论的话题。

日冕仪在地面的太阳望远镜、航天器的天文台，甚至在寻找太阳系外行星的研究中都非常受欢迎[176]，因为它可以消除明亮的主星星光，让科学家能够一睹附近暗淡行星的面貌。

▲ ESO[177] 在 VLT[178] 上安装的 SPHERE[179] 终端，该仪器能够对体积大于木星的系外行星[180] 直接成像。

▲ 1932 年重建的"央斯基旋转木马",坐落在美国西弗吉尼亚州绿岸的美国国立射电天文台中。

45

央斯基的"旋转木马"

射电天文学的诞生

公元 1932 年

20世纪 30 年代初,无线电技术掀起了商业广播热潮,几乎每个家庭都购置了收音机,收听精心制作的电台节目占据了家庭生活的大部分时间。而在几十年前的 1896 年,德国天文学家约翰内斯·沃尔辛[181] 和朱利叶斯·谢纳[182] 就提出了一种理论,认为可能还有来自宇宙源的天然无线电波到达地球。但他们的结论是,地球上层大气的电离层会在这些电波到达地面前将它们反射回太空。

回到 1931 年,那时贝尔实验室的无线电工程师卡尔·央斯基[183] 正在试图追踪跨大西洋无线电传输中的噪声源。他建造了一个可以通过转台改变指向的大型无线电天线"央斯基旋转木马"。如今,"央斯基旋转木马"被公认为是世界上第一台射电望远镜,这类望远镜探测的是一种被称为无线电波的电磁辐射。经过一年的观测,央斯基收集了大量数据,并记录在一个模拟信号图表记录仪上。天线接收到的信号经过放大后传输给记录仪,记录仪根据强度起伏移动笔,把信号波

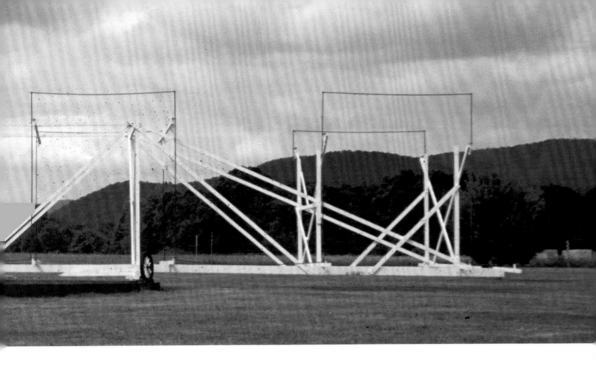

形描绘在表格纸带上。

央斯基注意到的第一件事就是每隔 24 小时会接收到一次强烈的信号，这让他以为自己探测到了来自太阳的辐射。不过，"一天"有两种定义方式：一种是太阳日，以太阳为参考的地球自转一周的时间来衡量，长度是 24 小时；另一种是恒星日，以恒星为参考的地球自转一周的时间来衡量，长度比太阳日短大约 4 分钟，这是地球绕太阳公转造成的。这就是央斯基排除太阳是罪魁祸首的依据：信号的重复周期与太阳在天空运动中穿越天线主瓣的周期不一致，反而恰好与恒星时的约 23 小时 56 分一致。于是，这位工程师萌生了探测来自太阳系外射电源的想法。最终，央斯基推断这个信号来自银河系的中心，靠近人马座的地方。在此之前，没有人能证明宇宙也会发射出无线电波。随后，央斯基被认定为发现了人马座 A[184] 天体，这一发现立刻引起了轰动，并登上了 1933 年 5 月 5 日《纽约时报》的头版头条，题目叫《追踪到来自银河系中心的新无线电波》。

这标志着一种基于探测宇宙辐射来探索宇宙的新方法——射电天文学的开端。不过一开始，几乎没有天文学家能够理解这一奇怪的新领域。但央斯基的发现却引起了无线电业余爱好者格罗特·雷伯[185]的注意。1937 年，雷伯独自一人建造了 9.75 米口径的抛物面天线，并编制了首个无线电波段巡天图。央斯基和雷伯的仪器都是手工制作的，可以说十分简陋，但随着技术的进步，他们开创的原理带来了许多激动人心的进展，其中就有几十年后的一项重大发现——探测到来自宇宙大爆炸火球余烬的辐射。

46

▶ "冲击器 8 号"发射升空的瞬间。

V-2 火箭
首个进入太空的人造物体

公元 1942 年

▶ V-2 火箭的发动机。

想成功发射火箭，需要做很多工作。因此，许多科学家表示，每当看到火箭完好无损地离开地面时，他们仍然像第一次看发射那样惊喜万分。每一次没有翻转、爆炸或失败的发射都要归功于 20 世纪 40 年代德国火箭科学家沃纳·冯·布劳恩的努力。在 V-2 火箭的研制过程中，科学家们克服了发射台上的一连串故障和爆炸，理清了液体燃料火箭发动机的工程细节。在 20 世纪 30 年代美国物理学家罗伯特·戈达德发明液体燃料推进系统之前，火箭基本上都是固体燃料系统——并不比几千年前中国古代发明的火药爆竹先进多少。德国科学家、工程师和数千名集中营劳工的努力改变了这种困境，一种最致命的战争武器由此诞生，并且碰巧将人类送入了太空时代。

这一切都始于 1942 年 10 月 3 日，在德国东北部的机密发射场上，冯·布劳恩和他的团队将一枚 V-2 导弹送入约 90 千米高的太空。这枚火箭被公认为是第一个到达太空的人造物体。那一天，冯·布劳恩的上司说："今天下午，宇宙飞船诞生了。"

后来，科学家们更清晰地定义了太空的海拔高度，即距离地球表面 100 千米的卡门线[186]。1944 年 6 月 20 日，V-2 火箭冲破了这一高度。

V-2 不仅是太空时代的开启者，还是太空竞赛的缔造者。二战中德国战败后，同盟国争相抢夺该项目背后的科学家和技术。当苏联启动他们的导弹计划时，美国选择了移居的冯·布劳恩，让他和他的团队在亚拉巴马州亨茨维尔参与"红石计划"中的火箭研究。1950 年 7 月 24 日，美国工程师们首次成功将重建的 V-2 火箭发射到太空中。这枚从卡纳维拉尔角发射的 V-2 被称为"冲击器 8 号"[187]，其顶部还安装了二级火箭。"冲击器 8 号"飞到了 16 千米的高度，总共飞行了 257 千米的距离。火箭上携带了测量大气温度、压力的简单仪器，以及用

来探测物理学家在地面上刚发现的"宇宙射线"的设备。但是，1957年苏联"斯普特尼克1号"的成功发射改变了这一切，促使火箭科学从一项单纯的军事和科学研究，转变为一项以举国之力占领人类未知领域，从而攫取全新地缘政治优势的国际竞争。

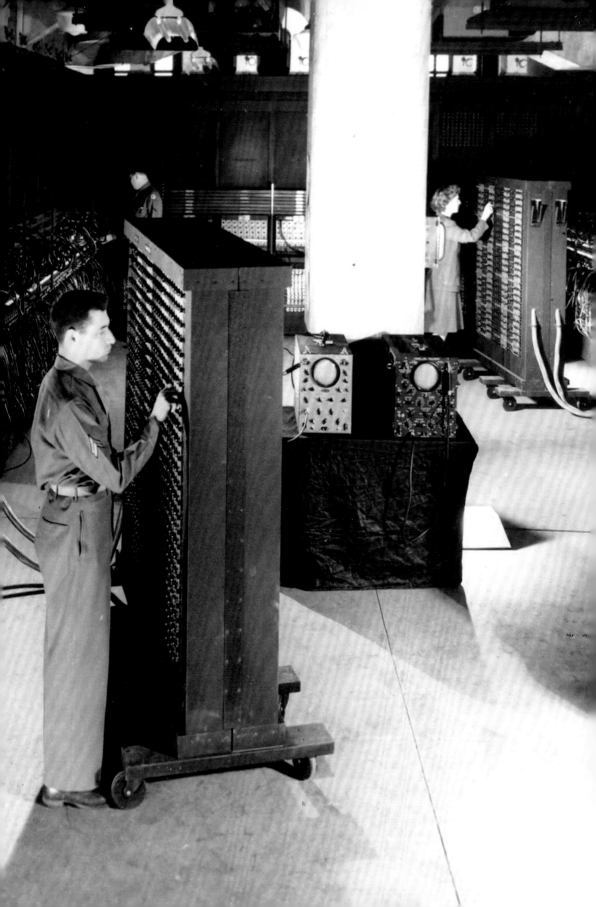

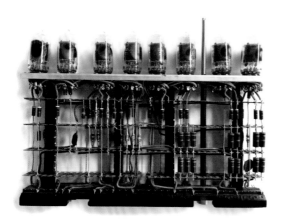

47

埃尼阿克
第一款现代计算机

公元 1943 年

第二次世界大战期间，英国密码破译员用上了梦寐以求的电子计算机来取代机械计算器，这都要归功于 1904 年，英国人约翰·弗莱明[188] 发明的弗莱明真空二极管。虽然这种早期电子管[189] 常用于无线电接收机中，但它们实际上还有一个强项，那就是可以用于快速开关，在几毫秒内通断电流，这种快速切换能力是所有使用二进制编码来存储和处理信息的计算机的核心原理。1937 年到 1942 年，艾奥瓦州立大学的约翰·阿塔纳索夫[190] 和克利福德·贝瑞[191] 研制出第一台使用电子管的全电子计算机（ABC 计算机）。

1943 年，宾夕法尼亚大学开始研制第一台带有内存、程序存储和执行模块的现代计算机，它被称为电子数字积分计算机（ENIAC，音译为埃尼阿克）。1946 年第二次世界大战结束后，ENIAC 一经公开就赢得了"巨型大脑"的称号。30 秒内，ENIAC 可以计算出一个复杂的导弹弹道，而这需要一个人手工计算 20 多个小时。到 1956 年 ENIAC 退役时，它已经增长为重达 30 吨、由 500 万个焊点连接 2 万余个电子管的庞然大物。存储一个十位十进制数字需要 360 个电子管，这可能是 20 世纪 60 年代开始流行的计算机术语"存储库"（memory bank）的灵感来源。据说，这些早期电脑的真空管非常温暖，有时昆虫都会被它们吸引（虽然这可能是一个都市传说，但至少可以确定的是，人们在马克 2 号计算机内部发现过一只蛾子），于是诞生了短语"计算机 bug"或"程序中的 bug"。ENIAC 耗电量巨大，以至于有传言称，其实 ENIAC 每次运行时，费城的灯光都会变暗。

本页上图展示了一个由 8 个电子管组成的逻辑模块，这是早期电子管计算机的典型部件。每根电子管都有一个阴极，用来产生电子；还有一个阳极，用来收集电子，从而在两极间产生电流；中间是一个网格状的栅极，可以通过是否加载电压来阻止（用 0 表示）或允许（用 1 表示）管内电流通过，从而表示计算机科学中使用的二进制。

48

巨像计划马克 2 号
第一款可编程计算机

公元 1944 年

第二次世界大战期间，英国的破译人员努力破解洛伦兹密码机，最终找到了破解这种德国开发的复杂加密电报系统的方法。时任英国邮政研究局高级电气工程师的汤米·弗劳尔斯[192]被邀请参与这个项目，他的主要工作是为一台机电设备优化工作方式，因为该设备经常无法在要求的速度下工作。弗劳尔斯决定采用真空管来代替机器中的齿轮零件。于是，他的第一个作品马克 1 号原型机诞生了。1944 年，在布莱切利庄园[193]研究洛伦兹密码机的破译人员给它起了个绰号"巨像"。马克 2 号于 1944 年 6 月 1 日投入使用，它由 2400 个真空管、一个使用光电管读取纸带上加密数据转码机和用于编写破译程序的开关组成。正是这个编写功能使它成为同类计算机中第一台可编程而不是执行单一功能的计算机。

巨像计划一直是英国政府的最高机密，直到 20 世纪 70 年代才被披露。弗劳尔斯曾被下令销毁所有关于这台电脑设计和存在过的记录和笔记，并拆除巨像计算机进行"消杀"，抹除了这些计算机工作过的所有痕迹。围绕着巨像计划和弗劳尔斯工作的秘密终于在 1974 年被揭开，世人才知道他们参与了著名的英格玛密码破译工作。从 1993 年到 2007 年，由托尼·赛尔[194]领导的一个工程师团队利用各种来源和解密信息重建了马克 2 号。如今，这台复制品被永久地陈列在布莱切利庄园的英国国家计算机博物馆中。

马克 2 号的计算速度相当于 5.8 MHz，大大低于现代笔记本电脑的常见速度——2700 MHz（2.7 GHz）。但与现代计算机不同的是，马克 2 号没有存储能力——也就是说没有内存。现代超级计算机，如那些彻底改变了天文计算的超级计算机，其速度以每秒浮点运算数（FLOPS）来衡量。按照这一标准，马克 2 号每秒只能进行 8 次浮点运算，而像 2018 年美国能源部在橡树岭国家实验室建造的"顶峰"这类先进的超级计算机，则可以达到每秒 20 万万亿次浮点运算。

计算机是现代天文学的根基。在宇宙尺度的测量中，精度则是关键[195]。巨像计划代表了人类计算能力和处理能力的巨大飞跃，自第一台模拟计算机安提基西拉机械问世以来，我们已经走过了一段漫长的道路。

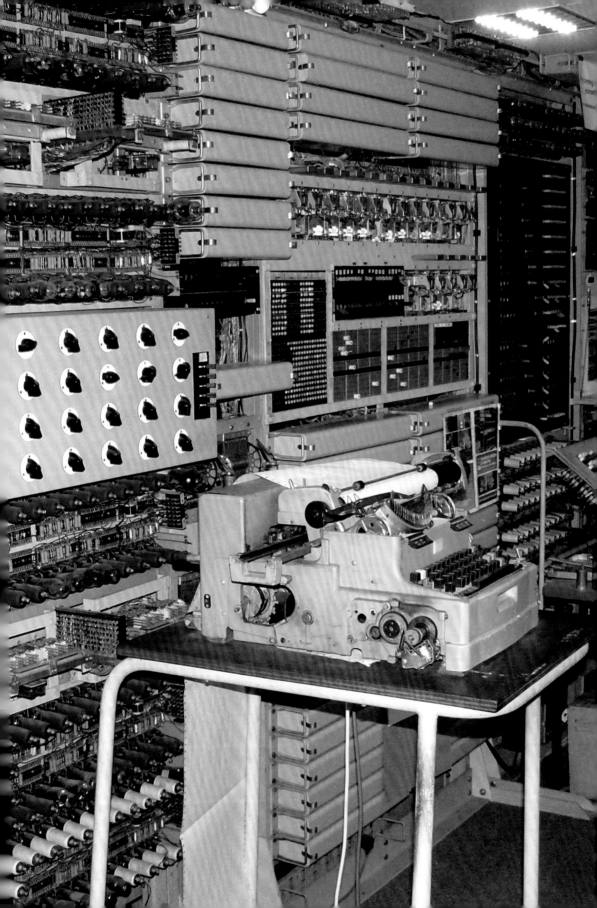

49

射电干涉仪
巡视宇宙的巨大进步

公元 1946 年

▲ 围绕在金牛座 HL 四周的原行星盘。

在探测到来自空间的无线电波之后不久，单面碟形天线在射电天文观测中的主宰地位就受到了挑战，挑战者来自以前光学天文学家常用的干涉技术。英国天文学家马丁·赖尔[196]和电子工程师德雷克·冯伯格[197]提出将几架射电望远镜组合成一个分辨率更高的阵列，并促成了第一个射电干涉阵的落成，这就是英国剑桥的穆拉德射电天文台。

干涉仪的工作原理是接收来自两个不同望远镜的无线电信号，并将它们的信号同步合并，等效孔径等于两个望远镜之间的距离。与任何望远镜一样，射电望远镜口径越大，分辨率越高，就能观测到被研究对象更细微的特征。一代又一代的早期射电望远镜只能分辨出满月直径（0.5 度）那么大尺度的天空细节。而且由于无线电波在电磁波谱的最长端，波长都是以厘米，有时候甚至以米或千米来

计量，所以射电望远镜的口径至少需要好几米。但是，如果你使用干涉测量法，将两台相距 1600 米以上的射电望远镜干涉成像，其分辨率则可与一张光学照片相媲美。从 20 世纪五六十年代起，英国和澳大利亚建造了许多这样的干涉阵。随后在 1972 年，美国新墨西哥州的索科罗附近开始建造一个由 27 面天线组成的甚大天线阵（VLA），并于 1980 年完工。VLA 源源不断地为科学家们提供着恒星形成区、类星体和射电星系的高分辨率图像，图像分辨率能够达到 0.2~0.04 角秒——甚至远高于传统的光学天文图片。正是有了足够高的分辨率，许多在光学波段观测到的天体现在才有机会被识别和证认为射电源。

天文学家们现在也能使用工作在亚毫米波频段的干涉阵了，例如，位于智利北部阿塔卡马沙漠的阿塔卡马大型毫米波 / 亚毫米波阵列（ALMA），就被用来研究行星在环绕恒星的原行星盘中是如何形成的。

理论上来说，制造多大规模的射电干涉仪都是可行的。在 20 世纪 70 年代，英国和美国间的甚长基线干涉测量（VLBI）就是利用横跨大西洋的数千千米基线发展起来的。来自天体的无线电信号和原子钟的时间信号一起被记录在模拟信号录像带中，然后将不同望远镜记录的磁带放在一起回放，从而对齐信号并纠正相移。VLBI 使得射电望远镜能够分辨小到百万分之一角秒的细节。换句话说，如果把一本书放在月球上，这种分辨率足以让你站在地球上阅读书中的文字。许多关于类星体射电源喷流结构的新发现就是使用这种技术获得的。

50

防热盾
把载荷安全带回地球

公元 1948 年

▼ 航天飞机表面覆盖着超过 20000 块硅隔热
瓦。由于这种隔热瓦密度很低，很容易损坏。
因此航天飞机每次飞行前都必须重新铺设数
百块隔热瓦。

将人类送上太空无疑是太空探索史上最伟大的壮举之一，但这一旅程的后半段——让宇航员安全返回地球，技术要求可能更高。

当飞船以每小时 3 万多千米的速度穿过大气层时，它们的表面将暴露在约 1650 摄氏度的高温下，远远超出航天器结构安全的极限。可以说，没有比再入大气层更危险的任务阶段了。目前主要有两种方式解决这个问题：热烧蚀防热盾或散热片。防热盾是一种保护层，当温度升高到这种材料的熔点时，保护层会从航天器上烧蚀或燃烧掉，带走航天器的热能。1948 年到 1950 年间，防热盾在一系列无人两级火箭——"冲击器计划"的发射中首次亮相。冲击器系列火箭的鼻锥上覆盖着聚四氟乙烯涂层，当鼻锥在 9 马赫的速度下被激波加热到超过 1093.3 摄氏度时，涂层就会熔化蒸发。

虽然聚四氟乙烯能够成功地散热，但载人航天对热控的要求更高，飞行器的温度不得超过人类生存的极限温度。在美国的第一个载人航天计划——水星计划中，科学家们设计了一个由玻璃纤维和铝制成的防热盾，它与冷却系统结合在一起，能够把温度控制在 30 ～ 35 摄氏度的范围内——虽然仍旧很热，但能够保命了。

双子座和阿波罗计划中也使用了类似的烧蚀防热盾。但是对于太空运输系统轨道器[198] 而言，它独特的空气动力学外形改变了再入的角度，需要一个不同的方案来解决摩擦产生的热量冲击。这里第二种方法登场了，那就是散热片。散热片是一种能吸收极高温度，然后将热量通过红外辐射散发出去的简单材料。航天飞机暴露表面覆盖着的硅隔热瓦，机翼前缘覆盖着碳纤维布——这两种材料都能承受重返大气层时的热量而不会熔化，并且它们都能非常有效地将这些热能辐射回太空。此外，这些隔热材料的导热率非常低，这意味着它们与航天飞机外壳接触的底部在高温下仍然可以保持凉爽。航天飞机一共需要 20000 多块硅隔热瓦来散热。

51

集成电路
计算机"太空时代"的来临

公元 1949 年

20世纪 50 年代之前,无线电和计算机都是厚重外壳下包裹着真空管的笨重设备。一台能够实时计算发射弹道的当时最先进的计算机内部有数千个真空管,重达数吨,并且能占满一整间通风机房。带着这些设备去探索太空可是个大麻烦,因为在一个航天项目中,把有效载荷发射进入轨道占据了经费的主要部分。在 20 世纪的大部分时期,用化学燃料火箭把约 500 克重的物体送入轨道的开销为 1 万美元左右。如果你的目标是将人类送入太空,采用这样的计算机很可能会预算超支!幸运的是,电子技术马不停蹄的发展终究赶上了 20 世纪 50 年代末起步的太空计划。

首当其冲的元件就是笨重的真空管,这也是最贵的元件。1947 年,美国物理学家约翰·巴丁[199]、沃尔特·布拉顿[200]和威廉·肖克利[201]发明了晶体管,为真空管找到了替代方案。晶体管是一种与众不同的技术,基于被称为"半导体"的材料的物理特性。晶体管就像真空管,起着开关的作用,但耗电量更少,并且在运行时温度也不高。更重要的是,晶体管可以在短于数微秒的时间内完成电流的通断(01 切换)。第一台晶体管计算机是 TRADIC[202],由贝尔实验室的吉恩·霍华德·费尔克[203]于 1954 年为美国空军制造。TRADIC 引领了高速计算机轻量化的热潮,这正是 NASA 在双子座和阿波罗计划的飞控和其他先进卫星系统中急需的技术。

早期的电路设计是将所有分立元件焊接在被称为底板的线路板上的"大杂烩"。但是,一种全新的电路设计方法正势如破竹地发展起来。20 世纪三四十年代首次出现了印刷电路板——蚀刻在便利贴大小的塑料板上的金属"印迹",这种"印迹"替代了早期电路板中的导线。之后,在 1949 年,德国工程师沃纳·雅各比[204]为一种被称为集成电路的全新技术申请了专利。经过 20 世纪 50 年代早期的几次改进和创新,金·赫尔尼[205]在 1957 年发明了"平面工艺",即通过逐层沉

◀ TRADIC 计算机。

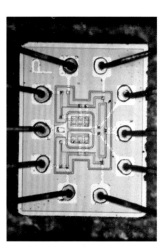

▲ 阿波罗飞船上的导航计算机所使用的集成电路。

积的方式将元件组装在单个硅芯片上。借助适当的光刻技术，无论多微小的晶体管、电阻和其他元件都有可能被制造出来。1961 年更是诞生了第一款商用集成电路——由飞兆半导体公司制造的 900 系列微型逻辑门电路。

集成电路（也被称为 IC）影响了整个民用和军用航天领域，至今仍然是必不可少的关键元件。如今，我们可以把数十亿个元件集成在只有几厘米宽的微小芯片上，并且计算速度更快，制造成本更低，重量也更轻，这正是高成本火箭、先进的航天项目梦寐以求的"大脑"！

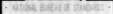
NATIONAL BUREAU OF STANDARDS

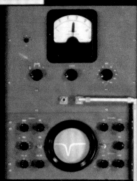

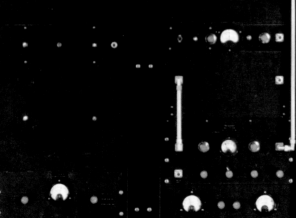

52

◀ 第一台原子钟。

原子钟
用时间丈量宇宙

公元 1949 年

对于天文学家来说，一个精确的时钟一直是必备工具。其实几个世纪以来，航海家、宗教组织和政府都在不停追问天文学家们一个简单的问题：现在几点了？航海家需要知道船上的准确时间来确定经度；宗教组织需要知道某些事件、仪式和节日具体在什么时候开始；政府不仅需要准确的时间来发起军事行动，还需要制定民用日历。为了应付这些需求，人们制造了形形色色的复杂机械：有需要每天上发条的重物驱动齿轮机械，也有持续供电的电动机。然而，这些机械的精度不够稳定，会被不同机械部件之间的磨损影响。1928 年，贝尔实验室的 J. 霍顿和沃伦·马里森[206] 发明了石英钟，这款钟表在 6 年的运行中精度达到了 2×10^{-6}。换言之，每 6 天石英钟仅会走快或走慢 1 秒——听起来好像没多少，但是对于追求极致精度的天文学而言，1 秒仍是一个难以接受的巨大误差。

于是，原子钟登场了。这种 1949 年开始研制的钟表，利用一种巧妙的计数原理实现了极其精确的计时：原子共振频率。如铯 -133，其量子跃迁频率为每秒 9 192 631 770 周，当微波信号与这个频率匹配时就会激发铯 -133 原子，于是探测器就能将激发态的原子转化为电流。原子钟的另一个部分将这种激发的电信号除以 9 192 631 770，然后每秒精确地输出一个脉冲。被精心调校好的铯原子钟精度能达到每年 3.3×10^{-10} 秒，也就是每 3000 万年原子钟才会出现 1 秒的误差。计时精度的突破也开启了人类探索宇宙的新篇章。因为在知道光速是多少的前提下，通过精确测量无线电波（以光速传播）在两点间（例如，从远处的恒星或者人造卫星到地球）传播的时间，我们就可以测量宇宙中的距离——这是测量宇宙和操控飞船的关键所在。极高的计时精度也使我们能够比以往任何时候都更深入地观察宇宙——天文学家正是使用原子钟来协调世界各地的八台望远镜同步工作，成倍地放大它们的能量，并最终得到了人类历史上第一张黑洞照片（见 198 页）。

我们的计时技术正在变得越来越精确：2013 年，物理学家安德鲁·勒德洛和他在美国国家标准与技术研究所的团队展示了一种镱（原子数为 70 的元素）晶格原子钟，其精确度为 10^{-12}。这意味着，如果这台镱原子钟和宇宙同龄，那么直到大爆炸 140 亿年后的今天，它的误差都不会超过 1 秒。

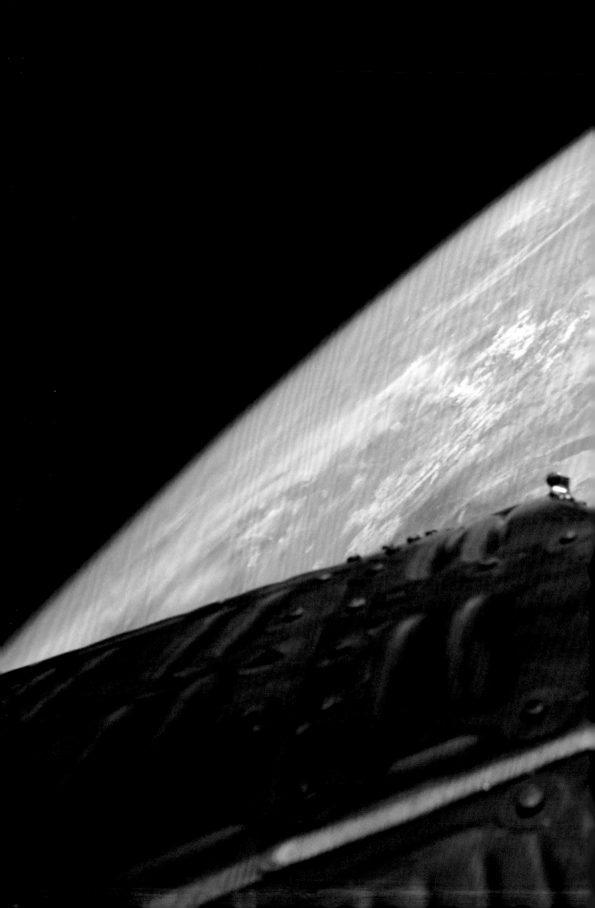

53

◀ 双子座 6 号的返回舱，可以看出由无数螺栓
固定的单块钛板构成。

航天紧固件
联结太空探索的无名英雄

公元 1950 年

研制火箭和载荷并不是把面板和研磨好的金属拼在一起那么简单，这背后还有一位无名英雄，你可能经常在火箭设计或科学实验中见到它的身影，它就是将一切联系在一起的螺母和螺栓。当然，这可不是你在附近五金店就能买到的普通紧固件，因为它们还得符合在太空中使用的要求。

在宇宙的真空中，温度会从接近绝对零度到超过 150 摄氏度之间大幅度波动，暴露在这种环境下的金属会经历无数次的弯曲、收缩和膨胀。温度的极端变化会导致螺丝、螺栓和其他紧固件内部产生应力和应变，从而使连接部件发生断裂甚至失效。此外，发射过程中的振动也会带来各种结构问题，即使最紧固的螺栓也会因振动而松动。为了克服这些动力学难题，航天紧固件必须比你的家具或汽车上的所有螺丝更加坚韧和可靠，并已经朝着这个目标前进了几十年。正是航空冶金领域的巨大发展，以及前所未有的新材料革新推动了航天紧固件的进步。

火箭和航天器中最常见的紧固件由钛、不锈钢或镍和铬的"高温合金"制成，如铬镍铁合金。这些材料和耐腐蚀性方面都有其独特的箭发动机的高温，或者仅仅新一代的"智能螺栓"甚至的变化显示安装时承受的

中的每一种在抗拉强度、重量优点，这使得它们可以适应火用于将一个实验包固定在一起。内置了应变计，可以通过颜色扭矩。

毋庸置疑的是，在到宇宙的哪一个角落，螺丝相伴。迄今为止，名英雄！

未来几年里，无论我们走一路上总会有一颗小小的它们一直是太空中的无

◀ 双子座 6 号的返回舱。

54

▲ 1951 年拍摄的哈佛大学莱曼实验室的角形天线，正是它首次探测到了来自银河系的中性氢 21 厘米谱线波长。

氢线射电望远镜
描绘星际介质

公元 1951 年

1904 年，天文学家约翰尼斯·哈特曼[207] 发现参宿三的恒星光谱中有元素钙的吸收线（换言之，它吸收了钙波长的光），并正确地将其解释为星际空间中的气体云含有钙和其他元素。到了 20 世纪 40 年代，射电天文学家发现天空中的一些无线电噪声可能来自星际间氢气 1420 兆赫兹频率发射的信号，也就是 21 厘米波长的辐射，这一发现印证了亨德里克·范德胡斯特[208] 的预言。1951 年 3 月 25 日，哈佛大学物理学家哈罗德·埃文[209] 和爱德华·珀塞尔[210] 搭建了天线和接收器，并将它们指向实验室的窗外，第一次成功探测到来自中性氢的信号。

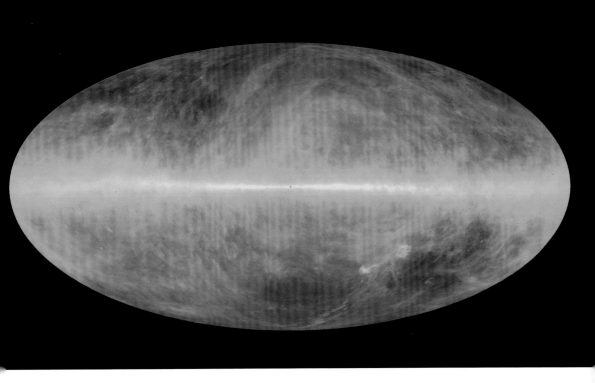

▲ 德国埃尔夫斯堡的 100 米射电望远镜和澳大
利亚 CSIRO 的 64 米射电望远镜共同绘制的
全天氢分布图。

这个所谓的射电望远镜只是一个更接近雷达技术的角形收集器，它指向天空，收集波长为 21 厘米的微弱辐射。这种工作方式比埃文和珀塞尔的预期效果要好得多，他们收到了一个强烈的信号，这个信号随着银河系穿过天空，划过他们喇叭天线的观测范围。尽管成果喜人，但仍有许多技术难关有待攻克，例如，下雨的时候，喇叭里装满了水，需要即时排出。（在冬天，学生们还喜欢把雪球扔进去！）此外，为了避开 21 厘米谱线附近出现巨大的背景噪音，埃文设计了一种频率开关技术测量，即测量天空中 1420 兆赫兹临近频率的信号，由此更容易提取中性氢微弱的 21 厘米谱波长。第一张银河系中氢的分布图是由范德胡斯特、C. A. 穆勒和扬·奥尔特[211] 在 1954 年绘制的。1957 年，C. A. 穆勒和加特·韦斯特霍夫发表了这一成果。这些早期星图，以及后来分辨率更高的星图，都被用于绘制银河系的结构，揭示了银河系旋臂和大量星际介质的复杂结构——正是这些云团酝酿和形成着新恒星。中性氢天文学的前沿研究是探索宇宙演化过程中的黑暗时代，寻找宇宙中形成的第一代恒星，那时宇宙的年龄只有 1 亿岁。

55

X 射线成像望远镜
认识宇宙的新窗口

公元 1952 年

▶ 钱德拉 X 射线天文台的主镜。

用镀银镜片聚焦可见光还是比较容易的，但对于其他波长，尤其是对波长很短的 X 射线而言，这种方法就完全行不通了。但宇宙中恰恰充斥着大量散发高频辐射的天体。X 射线迎面撞上镜片会被吸收，但是当入射角小于 2 度，即掠射镜片表面时，X 射线就会被反射。1952 年，汉斯·沃尔特[212]发明了三种类型的掠射光学系统，时至今日，它们仍然是工作在 X 射线波段先进成像系统中的支柱。

1972 年，NASA 和英国合作的哥白尼卫星是第一颗采用掠射成像系统的空间 X 射线卫星，其 X 射线探测器由伦敦大学学院的穆拉德空间科学实验室制造，罗伯特·博伊德[213]爵士指导了观测实验。这两台 X 射线望远镜的有效面积小于约 13 平方厘米，X 射线光子计数器被放置在焦点上，它们可以探测到来自恒星和其他天体波长在 1 ~ 7 埃（0.1 ~ 0.7 纳米）之间的 X 射线。哥白尼卫星的数据前后横跨 8 年的时间，这使得天文学家们有机会研究一些 X 射线源的变异性。

1978 年，NASA 发射的爱因斯坦天文台（HEAO-B，即高能天体物理天文台 2 号）配备了四面巢状的沃尔特掠射镜，使之能够像光学天文台那样以角秒量级的精度对 X 射线成像。在爱因斯坦天文台的"眼中"，星空不再是一团模糊的 X 射线斑，而是细节丰富且可分辨的数以千计的点源。

如今，沃尔特的设计和 X 射线光学元件仍然在主力仪器中工作着，包括 1999 年发射的钱德拉 X 射线天文台和 2012 年发射的核光谱望远镜阵列（NuSTAR）。这项早在 1952 年就出现的技术，已经在黑洞物理学、暗物质研究和高能宇宙探测方面取得了一系列重大成就——这也是当今太空探索的前沿。

▲ OAO-3 卫星上的掠射镜。

56

▲ 苏联沙皇氢弹的模型，这是人类历史上制作出的威力最大的核武器。

氢弹
恒星力量的毁灭性展示

公元 1952 年

1920 年，亚瑟·斯坦利·爱丁顿爵士 [214] 在他的论文《恒星的内部构造》中提出，太阳和其他恒星核心的质子聚变将产生足够且持续的能量，与使恒星坍缩崩溃的引力相平衡。这种理论将是阿尔伯特·爱因斯坦著名公式的首次亮相。为了使质子有足够的能量克服它们之间的静电斥力，太阳的内部温度必须达到数千万摄氏度。

4 个质子聚变形成 1 个氦原子核，这一过程中失去的质量会转化为能量，以满足太阳发光发热的需求。因此，似乎聚变的"潜能"就在那里，只需要释放出来就可以了。数学推导也很简单：1 个质子的质量是 1.673×10^{-24} 克，1 个中子的质量是 1.675×10^{-24} 克，于是 2 个质子和 2 个中子的总质量为 6.696×10^{-24} 克，而 1 个氦原子核的实际质量是 6.646×10^{-24} 克。这两个数字间 0.05×10^{-24} 克的差值代表 1 个氦

▲ 1952 年 12 月 1 日，美国在马绍尔群岛试爆的世界首颗氢弹，这次爆炸让伊鲁吉拉伯岛化为乌有。

原子核的结合能，代入公式 $E=mc^2$，得到的能量等于 0.000045 尔格（焦耳）。如果要点亮太阳，每秒钟必须将大约 400 万吨的质量转换成能量。

那么问题来了：1 个氦原子核由 2 个质子和 2 个中子组成，你怎么让 4 个质子中的 2 个变成中子呢？物理学家汉斯·贝特[215] 给出了答案，他证明了质子可以转化为中子。不仅如此，这种反应还可能发生在比太阳核心温度低得多——只有 1480 万摄氏度——的地方，这要归功于一种被称为隧道效应的量子力学过程。最终，恒星中的氢会通过一个被称为质子－质子循环的步骤"燃烧"，这个循环是太阳和类似质量恒星的主要能量来源。尽管质子－质子循环只适用于天体，但 1952 年在马绍尔群岛爆炸的第一颗氢弹显示，仅仅几克氢完全转化为能量就会有相当巨大的破坏力。最终，热核聚变被作为一种潜在的清洁能源广为研究，许多受政府能源合同资助的科学团体都试图驯服核聚变这头桀骜不驯的猛兽。

一些为了探索宇宙而诞生的技术，随着时间的推移逐渐进入了我们的日常生活中，对此我们早已习以为常。氢弹就代表了这种过程的"另类"变化。核聚变是一种已经在太空中发现的、在我们的太阳中使用的天然"技术"，转化为了在地球上使用的一种形式。这是人类研究宇宙那令人敬畏的力量，并付诸实践的一次危险尝试。

57

放射性同位素热电机
无光之处的电力来源

公元 1954 年

当你旅行到木星之外的轨道时，会发现这里的阳光十分暗淡，太阳能电池无法很好地发挥作用。幸运的是，早在 1958 年 NASA 的第一颗人造卫星"先锋 1 号"进入太空之前，这个问题就已经有了解决方案。1954 年，俄亥俄州原子能委员会下属土丘实验室的肯·乔丹[216] 和约翰·博尔顿[217] 将热电偶和放射性钋 -210 样品相结合，发明了世界上第一台可工作的放射性同位素热电机（RTG）。RTG 的发电原理是热电偶，这是两种不同金属组成的回路体，当热电偶温度升高时，其熔接点就会产生电流，而钋 -210 同位素的衰变正是热量的来源。当这些部件组合在一起，就能够以每克 140 瓦的效率发电。但钋 -210 的半衰期只有 138 天，超过这段时间，功率就会减少一半。

首个采用 RTG 发电方案的航天器是 1961 年发射升空的美国海军子午仪系统 4A 星。它那温和的放射性同位素热电机功率仅有 2.7 瓦特，却能够在无法使用太阳能电池阵列时维持航天器的工作。这是和平利用核能的一个良好开端，但 1964 年，一颗由 RTG 供电的卫星未能顺利进入轨道，900 克钚 -238 燃料飘散在南半球的大气层中。10 年后，加州大学伯克利分校的约翰·戈夫曼声称，大气中钚含量的升高可能增加了全世界的肺癌发病率。这一事件促使 NASA 着重发展太阳能电池板技术，而不是仅仅依靠以钚为基础的 RTG 作为卫星的能量来源，不过苏联的 RORSAT[218] 系列卫星却反其道行之。

尽管如此，RTG 对于"阿波罗计划"的月球实验，以及为数不多的火星和外太阳系任务而言都弥足珍贵。SNAP-19 是 NASA 研制的 RTG 中最成功的型号，它被用于 20 世纪 70 年代的"先驱者 10 号和 11 号"以及

▲ 艺术家绘制子午仪系统
4A 星进入轨道的想象图。

"海盗 1 号和 2 号"任务。SNAP-27 为阿波罗计划的月球表面科学实验提供动力。由于缺少阳光，所有深空探测任务都在使用放射性同位素热电机，例如，"伽利略号"木星探测器、"卡西尼号"土星探测器、"旅行者 1 号和 2 号"、"尤利西斯号"太阳探测器以及"新视野号"。大多数热电机使用的同位素是钚 -238，其半衰期为 88 年，这足以使航天器旅行 40 多年了。即使已经失去了一半动力，放射性同位素热电机仍能产生足够的电力，让一些仪器能够在冥王星轨道之外运行。

58

核热火箭
现在，我们准备好出发了！

公元 1955 年

▶ Kiwi-B 的喷嘴正在准备接受测试。

上一篇文章中我们介绍了核能在太空中的职责——为航天器内部提供电力来源。但在更"高能"的火箭中，核能的使用则独具一格。实际上，火箭的原理很简单，是将尽可能多的工质从发动机喷嘴的后面抛出，这样航天器就会被高速推向相反的方向。获得速度的大小取决于在给定时间内能抛出多少工质，换言之，就是排气速度和排气质量。平衡好这两个要素，就可以为有效载荷提供脱离行星引力或在太空中机动所需的动量和速度。几千年来，受控的化学燃烧（火药、液体燃料）是制造大量高速流动物质的唯一途径。不过，还有其他办法能为火箭提供速度吗？在 20 世纪 50 年代人类进入原子能时代后，答案是肯定的！

第一台核热火箭发动机是洛斯阿拉莫斯科学实验室（现在是洛斯阿拉莫斯国家实验室，即 LANL）研制的 Kiwi-B。这台核热火箭发动机曾是 NASA 和美国原子能委员会在 1955 到 1972 年开展的"流浪者计划"的一部分，在 1961 年 12 月初次成功点火。

Kiwi-B 的"燃料"仅有液态氢，液态氢在通过一个小型核反应堆的过程中被加热到 2037 摄氏度。这台核热火箭发动机能够产生 1100 兆瓦的热能和 25 吨的推力，与能够产生超过 750 吨推力的典型化学火箭相比并不是脱离地球的好选择。但在低重力的太空中，核热火箭发动机却有用武之地。

核热火箭发动机的实验一直持续到 1968 年，最后一款也是最强劲的核热火箭发动机菲比斯 -2A 在实验中开足马力运行了 12 分钟，创下了惊人的 93 万牛顿（95.25 吨）的推力纪录。1 年后，NASA 的沃纳·冯·布劳恩提出了一个

▲ 运行中的菲比斯 -2A 反应堆。

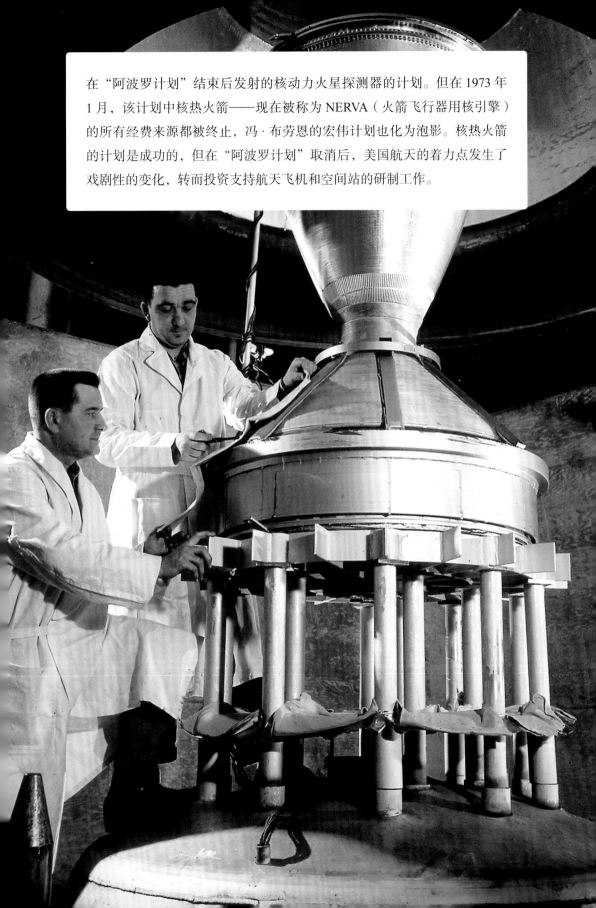

在"阿波罗计划"结束后发射的核动力火星探测器的计划。但在 1973 年
1 月，该计划中核热火箭——现在被称为 NERVA（火箭飞行器用核引擎）
的所有经费来源都被终止，冯·布劳恩的宏伟计划也化为泡影。核热火箭
的计划是成功的，但在"阿波罗计划"取消后，美国航天的着力点发生了
戏剧性的变化，转而投资支持航天飞机和空间站的研制工作。

59

"斯普特尼克 1 号"

苏联赢得了（几个月的）太空竞赛

公元 1957 年

▶ 人类首颗抵达外太空的人造卫星——"斯普特尼克 1 号"的复制品，目前收藏于美国国家航空航天博物馆。

1957 年 10 月 4 日，发生了一件震惊全世界的大事。苏联将一枚重达 83.5 千克、直径 58 厘米的卫星——"斯普特尼克 1 号"送入了地球轨道。每隔 98 分钟，全世界的无线电接收机都能在 20 ～ 40 兆周（兆周相当于现在的兆赫兹）频率附近听到"斯普特尼克 1 号"上功率仅有 1 瓦特的无线电发射器发出的信号。"望月行动"[219] 在地面建立了 150 个由天文爱好者运营的台站，来监测这颗暗弱的卫星如何在晨昏时期划过天空，而美国无线电中继联盟的无线电爱好者此时此刻正在无线电接收机中监听这个若隐若现的哔哔哔声。从我们今天的视角来审视首颗人造卫星，这次发射事件触发了美国和苏联之间如火如荼的太空竞赛，而且苏联抢占了先机。事实上，时任美国总统德怀特·大卫·艾森豪威尔[220] 早已通过 U-2 侦察机了解到了苏联的计划，但据有关人士称，他对此嗤之以鼻。即便是苏联，最初也没有大肆宣传"斯普特尼克 1 号"。不过，艾森豪威尔极大地低估了美国民众的反应，民众首先因为苏联发射人造卫星而震惊，又从电视上看到了美国 1957 年 12 月 6 日"先驱者 3 号"测试火箭发射失败。随后美国一掷千金，批准了一批太空竞赛项目以追赶"斯普特尼克 1 号"的脚步，而这些项目又催化了 1958 年 NASA 和高级计划研究局（随后改名为美国国防高级计划研究局，即 DARPA）的成立。当然，科研界和教育界也受益匪浅，搭上了巨额资助的顺风车。

在电量用尽之前，"斯普特尼克 1 号"在轨道上持续工作了 22 天。升空 71 天后的 1958 年 1 月 4 日，"斯普特尼克 1 号"在大气层中化为灰烬。通过记录这颗卫星短暂一生中的近地点轨道速度，科学家测量了高层大气的阻力效应。这是人类首次获得有关高层大气密度及其随着高度梯度变化的珍贵数据。此外，在研究 20 ～ 40 兆周左右卫星信号的漂移和传播时，科学家们还从宇宙中获得了电离层顶部的性质。

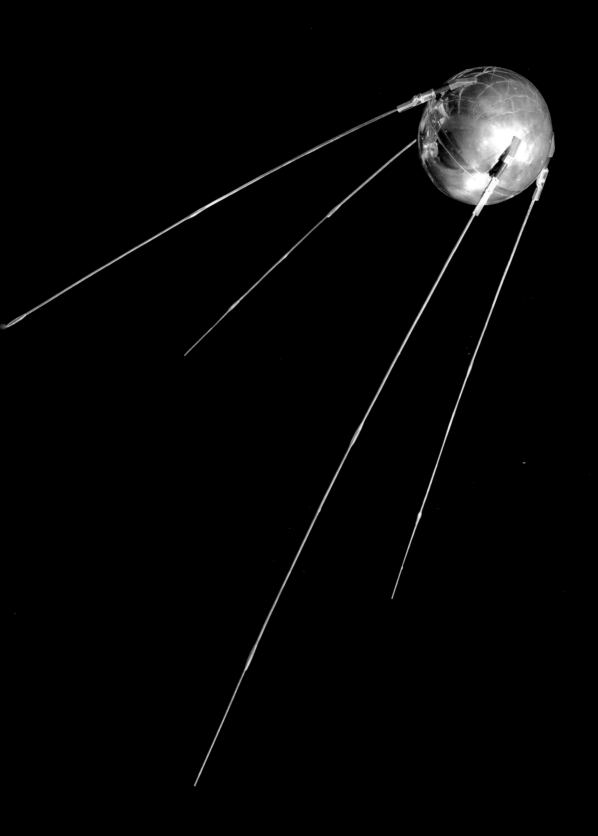

60

"先驱者 1 号"
最古老的太空垃圾

公元 1958 年

1958 年 3 月 19 日,"先驱者 1 号"成为第四个成功进入地球轨道的人造卫星。这颗西柚大小的卫星由位于华盛顿特区美国海军研究实验室的科学家和工程师们建造,这也是第一颗使用太阳能电池发电的人造卫星。早期的人造卫星大多以试验为目的,而"先驱者号"系列卫星代表了人造卫星的开创性设计方案。在这一计划诞生的时期,人们仍然为人造卫星的最佳外形而争论不休。美国第一颗成功的人造卫星"探险者 1 号"是圆柱形的,而一些卫星设计师钟爱圆锥形的外观,其他人则认为球形是最佳的外形,因为这可以使卫星受到均匀的大气阻力。

"先驱者 1 号"无疑是一件重要的政治工具。苏联在 1957 年 10 月 4 日发射了"斯普特尼克 1 号",仅领先了美国五个月。这颗卫星震惊全美的同时也开启了两个超级大国间的太空竞赛。第一回合,美国的对策是在 1958 年 1 月成功发射的"探险者 1 号",一个多月后,"先驱者 1 号"也进入了太空。美国在"斯普特尼克 1 号"和"先驱者 1 号"之间的几次卫星发射都以失败告终(先驱者 1A、1B 和探险者 2 号),这不仅对科学界造成了毁灭性打击,也让美国在政治上陷入了不利境地。毕竟,在发射这些卫星的机构看来,这是衡量两大阵营力量强弱的标尺。

撇开政治不谈,"先驱者 1 号"仍因其工程和科学成就而引人注目。这是世界上首颗太阳能卫星,它的 6 个太阳能电池为 5 毫瓦功率的微型发射机提供电力,将 6 年间"先驱者 1 号"在地球大气层上方遇到的电子和辐射的数据发回地面。科学家们还利用它的轨道发现地球呈略微梨形,靠近北极的地方略窄,靠近南极的地方略宽。

不过,这颗卫星在太空探索史上最持久的印记,或许要归功于它的大椭圆形轨道——在近地点俯冲至 644 千米,但在远地点达到约 4000 千米,耗时两个

多小时才绕地球转一圈。这导致"先驱者 1 号"受到的大气阻力非常小，使它能在太空中停留 200 多年。事实上，到了 2018 年，它已经成为散布在太空的数千个人造物体中最古老的一个了。[221]

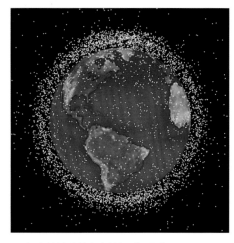

▲ 包裹着地球的太空垃圾"云层"。

61

"月球 3 号"
让我们首次看见月球背面

公元 1959 年

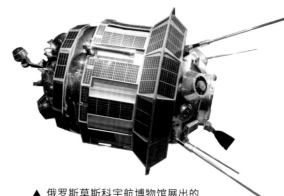

▲ 俄罗斯莫斯科宇航博物馆展出的
"月球 3 号"模型。

1959 年 10 月 4 日，紧随"月球 2 号"的脚步，苏联发射了这艘只有 1.22 米长、278 千克重的小型宇宙飞船——"月球 3 号"，而"月球 2 号"几周前刚成为第一个登陆其他天体表面的人造物体。但是"月球 3 号"可能更具有历史意义，它的任务十分简单：在飞越月球的过程中，尽可能多地拍摄月球背面的照片。

远端、背面都是我们称呼月球总是背离我们的那半个球面的名字。我们应该关注一下它的另一个俗名——月球暗面。不过，月球背面并不是一片漆黑，它被太阳照亮的时长和朝向我们的一面均等，苏联发射"月球 3 号"正是利用了这一点。当新月时，从地球上看月球是黯淡无光的，但月球的远端则完全沐浴在太阳的光辉下。在为期两天的 65 200 千米行程中，探测器感应到了来自月球的光线，并自动打开了照相机的快门。10 月 7 日，在 40 分钟的时间内，"月球 3 号"用它的传统胶片相机系统拍摄了 29 张照片。但并不是所有数据都成功传回了地球。"月球 3 号"有一个机载的照片冲洗系统和一个原始的扫描仪，可以把照片传真发送回家。这些照片的质量参差不齐，其中 12 张照片没有成功传回，剩下的照片中只有 6 张被公开。

但是，这也足以创造历史了。这些颗粒粗糙的照片是人类首次对月球远端的惊鸿一瞥，低劣的画质诉说着一件让天文学家在未来半个世纪都百思不得其解的奇怪现象。在月球面向我们的一侧，分布着由火山喷发形成的辽阔暗淡的平原——月海——和明亮且满布撞击坑的高地；月球的背面却没有这样的月海地貌，只能辨别出少数非常小的黑色斑点，其中最大的斑点被命名为莫斯科海和梦海。无论何种机制形成了月球面对地球的那一面的巨大月海地貌，奇怪的是，这种机制和地貌都在月球背面消失始尽了。

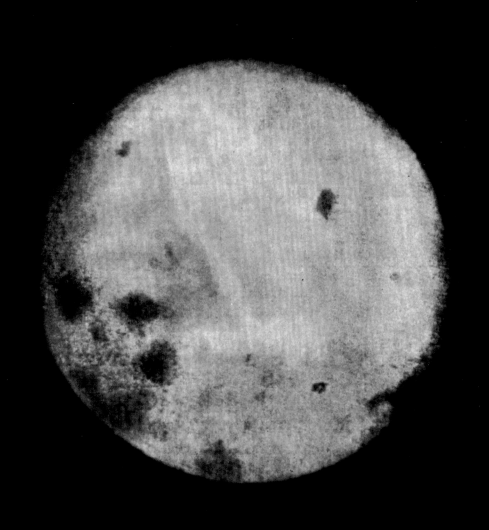

▲ "月球 3 号" 拍摄到的月球背面。

62

无穷的环形磁带录音机
在太空中储存数据

公元 1959 年

▶ "先驱者 2 号"
卫星，内部安装
有磁带记录机。

起初，磁带录音机并未进入公众的视野，直到宾·克罗斯比[222]对这项技术产生兴趣并投资，才推动了磁带录音机销量的大幅上升。但是，磁带录音技术早在他那个时代之前就已经存在了。第一台非磁性录音机由亚历山大·格雷厄姆·贝尔[223]、他的堂兄奇切斯特[224]和技术员查尔斯·萨姆·坦特[225]在 1886 年发明（后两者都是专利的共同持有人，专利编号 341214）。这个录音机只是一个涂覆着蜂蜡和石蜡的 0.48 厘米宽的纸带，传动在移动的唱针下。大约 10 年后，瓦尔德马尔·波尔森[226]通过将磁场的变化记录在导线上发明了磁性录音技术。1932 年，光电纸带录音机问世，直接在化学反应纸上嵌入表示声波的条纹电极。之后，德国 AEG 公司和巴斯夫公司合作开发了 Magnetophon（直译为磁音机）。巴斯夫公司用涂有磁感应氧化铁粉末的纸制作了这种记录声波的轻便磁带，使录音机变得更轻便便宜。1935 年，柏林的无线电博览会展出了世界上第一台实用的磁带录音机。

但是，这项民用技术和太空探索有什么关系呢？因为数据存储技术极大地增加了我们从一艘飞船上收集到的信息量。卫星的职责就是以各种模式捕捉数据，包括照片和来自传感器的简单模拟数据。问题是在太空探索的早期，数据产生的速度比遥测系统传送信号到地面的速度还要快。此外，有能力接收这些数据的地面站也很少，因此科学家们不得不在下载遥测数据的过程中找到存储信息的方法。最终，他们在磁带中找到了答案，因为磁带记录机是 20 世纪 50 年代末 60 年代初唯一可用的数据存储技术。1959 年 2 月 17 日成功发射的"先驱者 2 号"卫星是第一颗使用磁带记录技术的卫星，美国视其为太空竞赛中的一项重大成就，是对苏联人造卫星的回应。"先驱者 2 号"的目标是在电量耗尽前的 19 天内观测云量覆盖率，它使用一个功率为 1 瓦的 108 兆赫发射器和一个环形磁带记录机（使用磁带连续记录，不倒带）记录了 50 分钟的数据，并以 1 分钟的间隔回放。

磁带记录机填补了航天器数据存储和缓冲（数据在处理或传输时暂存）的关键空白，并直接为 TIROS[227] 和 Nimbus 两个系列气象卫星以及"水手号""海盗号""伽利略号"和"旅行者号"等深空探测项目的成功做出了贡献。

▲ 20 世纪 60 年代，TIROS-1 卫星中磁带记录机的原型机，目前收藏在美国国家航空航天博物馆。

资料来源：欧洲南方天文台 / 格哈德·胡德波尔。

63

▶ 梅曼激光器上的零件。

◀ 帕纳瑞天文台 VLT 上的激光引导星系统。

激光
见所未见的新光线

公元 1960 年

想象这样一个场景，你要去一幢公寓的二楼参加一个聚会，但唯一的途径是乘电梯到三楼，然后再下楼梯到二楼。参会的人们在 1 小时内陆续到达，但房东抱怨太吵并叫停了派对，于是大家又匆匆忙忙地走楼梯下楼离开。这就是受激辐射产生的光放大（激光）的基本工作原理，在 1960 年就已经为人熟知，但那时候，实用且易于使用的激光器还未被研发出来。激光的工作原理是将电子"泵"入激发态，这种状态不稳定，会迅速衰减，但电子在最后衰减到基态并释放出最后一个光子前，会以中间的"亚稳态"保持很长一段时间。因为电子发出的第二个光子波长精确且固定，于是宏观表现为一致且相干的光束。

休斯研究实验室的物理学家西奥多·梅曼[228]发现，一个抛光后的圆柱形红宝石在高强度闪光灯的激励下足以产生红宝石"闪光"。许多研究人员都在研究连续的泵浦过程，但梅曼意识到，当快速而频繁地泵浦时，一个短暂的闪光就足以充分地激发电子。1960 年 5 月 16 日，梅曼成功地制造出世界上第一台完美的光学激光器。同年 7 月 7 日，他在新闻发布会上向全世界宣布了这一消息。

从那时起，激光便被纳入各种应用，从打印机和工业金属切割系统到高精度光学测量系统，太空探索也越来越多地依赖激光。2001 年，ESA 的"阿尔忒弥斯号"卫星测试了首个行星际激光通信系统。2005 年，NASA "信使号"上的激光高度计与地球进行了相隔 2414 万千米的通信。2014 年，国际空间站上的 OPALS（激光通信科学光学有效载荷）实验实现了 50Mb/s 的激光传输速度。激光也可以用于航天器部件的精密制造，"好奇号"火星车也使用激光蒸发岩石进行化学分析。

也许在天文研究中，激光最令人兴奋的应用是为自适应光学系统提供人造恒星。配备自适应光学系统的地面望远镜可以完全抵消地球大气的闪烁效应。为了实现这一目标，该系统使用激光在天空中创建一颗性质已知的明亮信标，大气湍流会扰动这颗激光引导星。科学家们可以通过记录引导星的闪烁，在遥远的恒星和行星图像中抵消这种大气扰动。

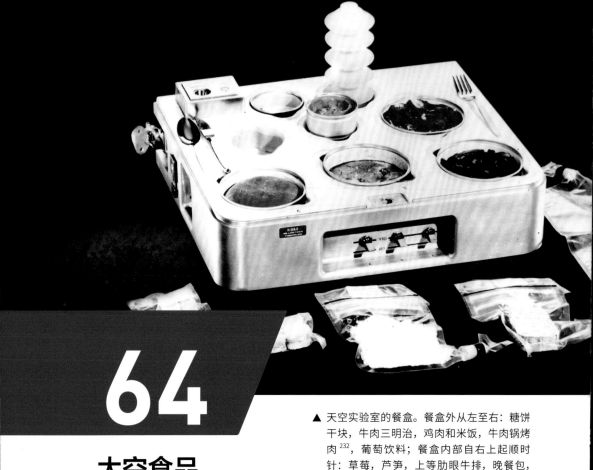

64

太空食品
太空时代的佳肴

公元 1961 年

▲ 天空实验室的餐盒。餐盒外从左至右：糖饼干块，牛肉三明治，鸡肉和米饭，牛肉锅烤肉[232]，葡萄饮料；餐盒内部自右上起顺时针：草莓，芦笋，上等肋眼牛排，晚餐包，奶油布丁，橘子饮料。

1961 年，苏联宇航员尤里·加加林在太空中吃下了三管牙膏状的食物，其中两管是肉泥，另一管是巧克力酱。从那以后，太空食品一直在稳步发展，变得更美味、更轻巧且更有营养，同时还能应对微重力环境下的独特挑战。比如，液体不能倒掉，因为飞溅出来的液体会形成小液滴，而面包屑会成为危险的污染源，可能会干扰飞船的电力系统。起初，宇航员吃的大多数食物都是从管子里挤出来的方便食品，但随着国际空间站工作年限逐渐延长，空间站内也加装了小厨房。国际空间站的小厨房安装了加热食物用的对流式加热器和用来烧热水和湿润脱水食品的水槽。

如今，太空食品研究已经发展为一门完整的学科，包括研究宇航员在心理和生理上对食物的需求，以及在狭窄的、微重力的环境下如何准备食物。在太空中

进食不仅是为了满足热量的需求，还是宇航员在执行长周期任务时社交生活和心理健康的重要部分。有些食物被禁止在飞船上食用（如可能会散发有害气味的食物），而有的食物则十分受宇航员欢迎，如辛辣口味的食物，因为他们的味觉在太空中会减弱。在 20 世纪 70 年代的天空实验室中，鲜虾鸡尾酒[229] 和黄油曲奇一直是宇航员们的最爱，紧随其后的是龙虾纽堡[230]、新鲜面包、加工肉制品和冰淇淋。国际空间站会按照宇航员的特殊要求补给罐头食品和新鲜蔬菜。近年来，改良版的韩国"国菜"——泡菜也被送到了太空中，3 个科研机构花了几年的时间和数百万美元来研制这种适合在太空中旅行的发酵白菜。俄罗斯宇航员的菜单上则有 300 多种菜品可供选择。2007 年，瑞典宇航员克里斯特·福格桑在执行航天飞机任务时被 NASA 禁止携带驯鹿肉干，因为那是圣诞节前夕，美国宇航员觉得这很"诡异"，所以他不得不选择驼鹿肉干来代替。

　　太空食品的最新进展是一种由 Argotec 公司研发的名为 ISSpresso[231] 的咖啡机。2015 年，国际空间站上首次飘出了咖啡的香味，宇航员萨曼莎·克里斯托弗雷蒂在推特上说："这是有史以来最好的有机物悬浊液。在零重力咖啡杯中盛满了意式咖啡！经过不拘一格的萃取……"考虑到国际空间站上的每 90 分钟出现一次日出，NASA 并不建议宇航员"每天早上"喝一杯浓缩咖啡来开启新的一天！

65

宇航服
维持生命的第二层"皮肤"

公元 1962 年

1961 年 4 月 12 日，苏联宇航员尤里·加加林完成了划时代的在轨飞行，成为进入太空的第一人。美国对这一地缘政治事件进行了紧急回应，并在同年 5 月 5 日将艾伦·谢泼德送入了亚轨道，随后的 1962 年 2 月 20 日，约翰·格伦[233] 成为第一个完成地球轨道飞行的美国人。

与加加林乘坐的宽敞的"东方 1 号"太空舱不同，格伦的"友谊 7 号"有些局促。以备再入大气层时降落在南太平洋，他携带了一个笔记本，上面用多种语言写着："我是一个陌生人。我为和平而来。带我去见你们的首领，最终会有一笔巨大的奖赏给你。"翌年，苏联宇航员瓦莲京娜·捷列什科娃[234] 成为第一位进入太空的女性。直到 1983 年 6 月 18 日，天体物理学家萨莉·莱德[235] 乘坐航天飞机执行 STS-7 任务，NASA 才追赶上了苏联的脚步。

这些任务中的航天器技术千差万别，但却都有一套功能齐全的宇航服。如果没有它，航天员是不可能到达太空并活着回家讲述太空见闻的。

自 20 世纪 30 年代耐压服发明以来，美国空军为飞行高度超过阿姆斯特朗极限——即 18900 米——的飞行员配备了多种飞行服。因为这一高度的高空气压过低，水和其他液体在体温下就会沸腾。到了 20 世纪 50 年代末，朝鲜战争期间喷气式战斗机飞行员穿着的美国海军马克 4 型成为最受欢迎的耐压服，因为它不会过于笨重，并且灵活性更强。随后，马克 4 型被 NASA 用于"水星计划"（1958 到 1963 年）。约翰·格伦在历史性飞行中穿着的就是马克 4 型。随后的宇航服设计增添了腕部轴承和一个非常重要的尿液收集系统。

因为加压的宇航服在太空中会向外膨胀，所以必须增加束紧带以保持宇航服的形状。此外，在加压的情况下，宇航员想要移动手腕、脖子和肘关节十分困难，还需要在关节处增加旋转轴承，这样宇航员才能自如地移动和工作。宇航服通常由银色或白色的反射阳光材料制成，因为深色的宇航服往往会迅速升温，几

分钟后就不适合穿着了。到了 20 世纪
60 年代，刚刚启动的"双子座计划"
的宇航服内已经增加了一个冷却系统，
让冷却液在内部循环散热。这增加了
用于舱外和月球表面活动的宇航服的
体积。但在发射和再入大气层的过程
中，为紧急情况所设计的舱内宇航服
仍然类似于"水星计划"中使用的轻
薄款式。

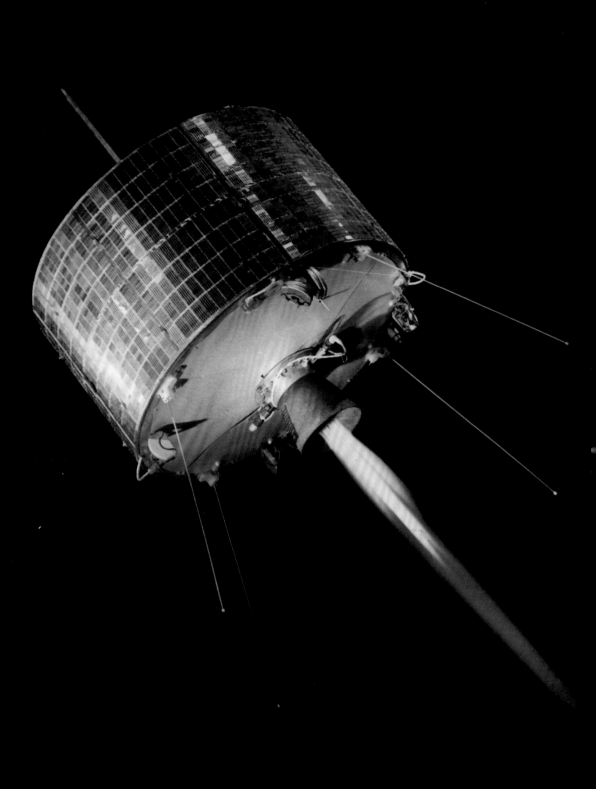

◀ Syncom 2 通信卫星。

▲ 1964 年东京奥运会开幕式的转播
　画面。

66

同步卫星2号(3号)
太空商业化由此开始

公元 1963 年

地球同步轨道是与地球自转速度相匹配的轨道。因此，相对于地球表面，地球同步卫星将日夜停留在头顶上的一个地方。因为这一特点，卫星可以不间断地将信息发送到同一地点，所以，休斯飞机公司在 20 世纪 60 年代就开始研究利用这种轨道进行卫星通信的潜力，这一计划被称为同步卫星（Syncom）。

Syncom 项目的第一颗卫星在入轨前的最后关头失败了，于是 1963 年 7 月 26 日发射的第二颗卫星成了世界上第一颗地球同步轨道通信卫星。NASA 立即进行了语音、传真和电传[236] 测试。1 个月后，美国总统约翰·肯尼迪[237] 打电话给尼日利亚总理，这是 NASA 第一次通过地球同步卫星中继电视信号，也是历史上首次国家元首之间通过卫星通信的交谈。从此，信息在世界各地传递的方式将不再相同。

值得一提的是 Syncom 3，它进一步推动了这项技术，并向大众普及了地球同步轨道卫星通信的实力。Syncom 3 于 1964 年 8 月 19 日发射，是一颗只有 38 厘米高、直径 71 厘米的圆柱形卫星，侧面覆盖着 3800 块硅太阳能电池，可以产生运行它的两个应答器所需的 29 瓦电能。Syncom 3 也成为第一颗真正的地球同步卫星———颗在赤道上空同步运行的卫星，并固定在赤道以东 180 度距离地心 42163 千米的高处。

这颗卫星被用于各种测试，包括转播 1964 年日本东京奥运会的电视信号，以及在旧金山至檀香山航线上为航空公司传输电传信息。在越南战争早期的 1965 年 1 月，Syncom 3 的所有权被移交给了美国国防部。

尽管加拿大、欧洲、日本和美国为了在奥运会期间获得卫星的使用权共同集资了 100 万美元，但是加拿大和欧洲的观众更多地收看 Syncom 3 转播的电视信号，因为美国全国广播公司（NBC）每天从东京邮寄录像带以提供高质量的电视画面。不过，愿意熬到东部时间凌晨 1 点的美国观众都可以看到日本的开幕式直播。

（以当时火箭的运载能力）卫星为了进入轨道，必须设计得非常轻，因此 Syncom 3 的中继功能不含音频。音频内容通过跨太平洋电缆发送，视频流由位于加州穆古角的地面站接收，然后二者传送到伯班克郊区，在那里同步合并。

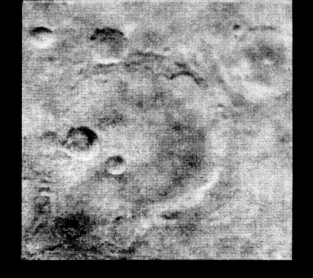

67

摄像机
为宇宙拍摄数码照片

公元 1964 年

摄影是最基础的天文学研究方式之一。但是在太空时代，把望远镜看到的景象拍摄下来是一回事，把图像信号通过无线电传输回数百万千米外的地球则是另一回事。最早的图像遥感实验是 1959 年的"月球 3 号"，它使用胶片相机拍摄月球的照片。负片在探测器内部完成冲洗和扫描，通过信号传回地球。不过，还有另一种不需要化学物质或胶片的成像方法，那就是电视！

20 世纪 20 年代之前，人们曾多次尝试通过电子的方式传输图像，但直到 1926 年，匈牙利工程师卡尔曼·帝豪尼[238] 才为一种实际可行的方案申请了专利，其基本原理是将图像聚焦在一个经过特殊设计的真空管表面，真空管表面涂有硒这类感光材料，当光线照射就会产生与光强成正比的电子，一个阴极射线就可以扫描表面"读出"影像。美国无线电公司（RCA）在 1946 年开发出了正析像管，

◀ 位于火星法厄同区²³⁹ 附近的水手撞击坑，直径 151 千米，请注意图中的像素化特征。

▼ 旅行者探测器使用的摄像管，由喷气推进实验室（JPL）捐赠给英国巴斯的赫歇尔天文博物馆。

随后逐渐完善了这一技术，让光电管可以在暗光下工作，并最终研制出一种被称为摄像管的新元件。于是在航天器中，望远镜可以直接把图像聚焦在摄像管上，图像被电子扫描并远程发送回地球，不再需要任何冲洗胶片的中间步骤。

1960 年，作为气象卫星发射的电视红外观测卫星（TIROS-1）证明了这种全新的成像技术在太空中确实有效。1962 年发射的"徘徊者 3 号"探测器配备了一个摄像系统，但未能到达目的地月球。不过，摄像管成像技术早期最著名的成功案例就是 1964 年发射的"水手 4 号"火星探测器。那时，火星表面是人们翘首以盼的未解之谜，无论你是孩子还是职业天文学家，来自"水手 4 号"的图像都有望回答你想知道的这个基本问题：火星上真的有河流吗？从 22 张照片和 634 kB 的遥测数据中得到的答案出乎所有人的意料——火星上没有河流，只有陨石坑。

由喷气推进实验室（JPL）研发的"水手 4 号"的摄像机，被安装在一个 3.8 厘米的小型望远镜的焦点上，该望远镜的视场为 1 度，分辨率约为 3.2 千米。摄像管拍摄火星表面的图像，并将光强的变化转换成电信号。然后这个信号的强度被数字化成 6 比特（64 个强度级别）和每张大小为 240000 比特的 200×200 像素的数字图像。在如此遥远的距离上，往地球发送遥测数据十分缓慢，因此星载的磁带记录机会先将这些图像暂存起来。记录机的磁带长达 100 米，容量达 500 万比特，让这些图像能够以每秒 8 比特的速度完成传输。

摄像管成像技术帮助许多航天任务取得了历史性的成就，如"先锋 10 号和 11 号"，"海盗 1 号和 2 号"，以及"旅行者 1 号和 2 号"。摄像管系统的最后一次出征是 1977 年发射的 2 艘"旅行者号"探测器，因为在 1972 年的研发初期，"旅行者号"曾作为"水手系列"木星 / 土星计划开始设计和研制。时至 1975 年，数码相机技术已经初具雏形，NASA 决定在 1989 年发射的"伽利略号"中使用固态数码相机。拍摄数码影像也是哈勃空间望远镜不可或缺的功能之一。1982 年，800×800 像素的广域和行星相机被选作哈勃望远镜的成像系统，随后在 1990 年成功入轨并开始工作。

68

太空毯
一种隔绝热量的简单方式

公元 1964 年

　　些航天技术不仅推动了太空探索的进步，也极大地改善了地球上居民的生活。其中，一种最低端、最不为人知的航天技术是在一块塑料上涂上反光金属薄膜。工程师们将这些所谓的"太空毯"用于航天器热控系统中。

　　1964 年，美国太空计划刚刚起步，NASA 马歇尔航天中心的工程师就研制了这种被称为隔热毯的材料。制造这些镀金属薄膜并不容易：蒸发的铝必须与聚酯塑料的性能相匹配，这样红外辐射（也就是热量）才能被反射而不是传导。如果用这种材料制成衣物，当反射膜面向身体时，人体散发的红外辐射中的 97% 就能反射回来，从而保持身体的温暖；当反射膜翻转时，它可以像反射镜一样将外界的红外辐射反射出去，使人体保持凉爽。

太空毯不仅仅用来调节人体体温。其实，几乎所有载人和无人航天器都是它的用户——从阿波罗登月舱底部的金色反射毯，到哈勃太空望远镜和火星车的包裹材料，隔热毯无处不在。也许，隔热毯的成名之战就是在1973年于千钧一发之际拯救了天空实验室任务。当时，空间站的一个外部遮阳罩坏了，为了将内部温度降低到可以维持生存的水平，宇航员不得不临时安装了一个由隔热毯制成的应急遮阳罩。

时至今日，太空毯已经成为露营者、探险家和其他户外休闲玩家必备的安全物品。在1979年纽约市马拉松比赛结束后，主办方向参赛者发放太空毯以避免出现体温过低的症状。如今，它们已经成为世界各地体育赛事终点线前的常客。

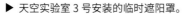

▶ 天空实验室3号安装的临时遮阳罩。

69

▶ 手持机动装置。

手持式载人机动装置
在太空中漫步

公元 1965 年

▶ "双子座 4 号"任务中，爱德华·怀特手持载人机动装置在舱外活动。

这是 1965 年 6 月的一个阳光灿烂的日子，宇航员爱德华·怀特[240]决定走出狭小的"双子座 4 号"太空舱，在太空中漫步，而他的搭档詹姆斯·麦克迪维特[241]则留在太空舱中，把自己的宇航服绑在座椅上。怀特断开了自己生命维持系统的脐带式系管（提供氧气和通信链接），随后在一个氧气流机动枪的辅助下在 23 分钟内"漫步了"7 米的距离。这次令人兴奋的太空漫步，用 NASA 的说法是舱外活动（EVA），以至于当任务控制中心命令怀特返回太空舱时，他说"这是我一生中最伤心的时刻"，然后依依不舍地进入飞船中。

怀特曾经使用一个安装有摄像头的手持式载人机动装置（HHMU）在双子座太空舱周围盘旋。这个 HHMU 可以说很原始，因为仅仅三分钟后就耗尽了加压气体，不过至少能用。但是，怀特的搭档麦克迪维特则认为这实际上是一次失败的尝试，因为在使用 HHMU 时，怀特必须将喷射点精准地对准自己的质心，否则只会原地打转而不是向前移动。显然，设计它的工程师忘记了在失重环境下独有的物理学挑战，他们只是简单地设想你将装置指向与前进相反的方向，然后扣动扳机就可以了。

美国后续的载人任务仍然在使用这种装置，不过 HHMU 最后还是被坚固的捆扎式载人机动装置（MMU）所取代。MMU 的首次亮相是 1984 年的航天飞机项目，那年的 2 月 7 日，MMU 的开发者之一——宇航员布鲁斯·麦坎德利斯[242]和他的搭档罗伯特·李·斯图尔特[243]使用 MMU 完成了首次划时代的无系绳舱外活动。麦坎德利斯那张在距离"挑战者号"航天飞机 90 多米的地方漫步的照片，已经成为宇航员在太空中最为人熟知的形象之一。

所以，虽然怀特手中的 HHMU 可能不太好用，但总归是个开端。怀特的太空漫步，代表着今天宇航员在太空中自由自在漫步而迈出的历史性的第一步。

▲ 布鲁斯·麦坎德利斯著名的舱外活动照片。

"阿波罗1号"舱门（批次1）
为太空旅行的危险性敲响警钟

公元 1967 年

在艾伦·谢泼德成功完成亚轨道飞行仅仅 6 年后，美国一路高歌猛进的太空计划就发生了历史上最惨痛的事故之一。1963 年，美国启动了"阿波罗计划"，这个注定要因 1969 年登陆月球而名垂千古的伟大项目，却始于一场悲剧。1967 年，在"阿波罗1号"的首次全功能地面测试中，指令舱内突然发生了一场致命火灾。一个电火花，加上作为帮凶的加压纯氧和可燃尼龙，使熊熊大火在短短几秒钟内就席卷了指令舱内部，舱内 3 名宇航员：维吉尔·古斯·格里森[244]、爱德华·怀特和罗杰·查菲[245] 不幸遇难。官方的事故报告显示，在火灾发生前 9 秒，系统就已经检测到在 2 号交流总线（一种电气连接器）上的电压瞬间升高，但宇航员们还没有找到激增的源头。

尸检显示，这些宇航员不是死于大火，而是死于一氧化碳窒息。事故调查委员会认定，航天器环境控制单元（ECU）附近的一些电火花正是大火的元凶，尤其是一个小检修门被频繁地打开和关闭，导致一根镀银铜线的特氟纶绝缘层被磨损剥离。这根线缆接近一个乙二醇（$C_2H_6O_2$）冷却管线，管线很容易发生泄漏。事故模拟表明，在纯氧环境中，这些泄漏处完全有可能成为燃烧点。乙二醇是汽车散热器系统中常用的高效冷却剂，在循环过程中，乙二醇能够比水更有效地吸收热量，沸点也更高。乙二醇常被用于宇航服内衣内裤的冷却系统，还为像"阿波罗号"

▲ 后来"阿波罗4号"仍在使用的"批次1"舱门。

这样狭窄的太空舱提供应急冷却，只要它不接触氧气和火源，就没什么问题。

　　所以，"阿波罗1号"事故中最大的败笔就是舱门的设计。理论上来说，即使指令舱一切设备都失灵了，用一个简单的装置来弹开舱门也能拯救宇航员的性命。但是，"阿波罗1号"使用的是"批次1"的舱门，也就是平拉式舱门，它依赖于内部高于舱外的压力差来保持密闭，只有当内部压强降低时舱门才能向内打开。这么设计的原因本来是为了防止舱门在太空执行任务期间出现裂缝导致意外泄压，但"阿波罗1号"的悲剧暴露了它的致命缺陷。在舱门打开之前，需要释放压力的排气阀就被火焰堵上了。总之，这种舱门就不是为紧急情况下快速释放压力而设计的。

　　后来，阿波罗指令舱被彻底重新设计，以避免未来发生任何与火灾有关的事故。首先，舱门被设计成向外打开，开启前不需要重新平衡压力；其次，舱内的空气变成了60%氧气和40%氮气的混合物，高度易燃的纯尼龙宇航服被不易燃的面料取代，不锈钢取代了纯氧环境下易燃的铝；最后，电线增加了阻燃的绝缘材料涂层。

▼ "阿波罗1号"的舱门由内外两部
分组成，正是内部舱门的水平拉
动设计导致了悲剧的发生。

71

接口信息处理器

万维网的开端

公元 1967 年

▶ 世界上第一台路由器——阿帕网的接口信息处理器。

接口信息处理器（IMP）是为实验性计算机网络阿帕网（ARPANET）开发的一项关键技术，而阿帕网正是互联网的鼻祖。IMP 是一种网关，也就是将参与者的计算机与阿帕网或因特网主干连接起来的小型计算机，如今它们被称为路由器。IMP 的作用是使用 TCP/IP 协议将数据包从主机转发到联入网络的其他计算机上，也就是所谓的"数据包交换"。

第一批 IMP 由唐纳德·戴维斯[246]为英格兰国家物理实验室的 NPL 网络开发，而 1967 年由劳伦斯·罗伯茨[247]领导的阿帕网实施小组也独立地研制出了IMP。就职于圣路易斯华盛顿大学的韦斯利·克拉克[248]提出 IMP 应该是一个搭建在主机和网络之间的小型计算机的概念。1969 年，首批 IMP 中的 4 台基于霍尼韦尔 DDP-516 微型计算机改造而来，由马萨诸塞州的博尔特、博纳克和纽曼公司承包建造。同年年底，所有参与阿帕网的节点都得到了 IMP。1969 年 10 月 29 日，加州大学洛杉矶分校的查利·克莱恩和斯坦福研究所的比尔·杜瓦尔互相发送了第一个分组交换信息。这条信息的内容是"LO"，如果不是因为网络连接崩溃，本来应该是代表登陆的"LOGIN"。顺便一提，DDP-516 的另一个版本 DDP-316，以"用于储存菜谱"的霍尼韦尔厨房计算机名义在市场上销售，用今天的货币来计算，其售价高达 73000 美元。

多年来，天文学家通过把他们本地的大型计算机接入阿帕网来传输数据和信息。到 1972 年底，阿帕网共有 24 个节点，其中包括 NASA 和美国国家科学基金会（NSF）。自阿帕网诞生以来，网络技术发展迅速：1971 年，电子邮件诞生；1973 年出现了文件传输协议（FTP）；到了 1972 年，你甚至可以使用全新的Telnet 服务远程登录一台计算机。阿帕网最终在 1990 年退役，取而代之的是 NSF网络。所有这些技术创新最终催生了万维网，由英国计算机科学家蒂姆·伯纳斯-李[249]于 1989 年发明。1990 年，蒂姆在欧洲核子研究中心（即 CERN，位于瑞士日内瓦附近的粒子物理研究机构）工作时，编写了第一个网络浏览器，他称之为

"万维网"。

　　因为几乎所有天文学家都可以轻松通过办公室里的计算机接口进行信息和数据快速交换，所以使用互联网也是当今天文学研究的重要特征之一。此外，那些促成互联网广泛普及的技术也极大地推动了计算机速度的提升，这些高速计算机后来被用于操控宇宙飞船和进行各种数学建模计算。

72

◀ 威廉·安德斯在"阿波罗 8 号"上
拍摄的《地球升起》。

哈苏相机
宇宙中的第一张自拍

公元 1968 年

1962 年，宇航员瓦尔特·席拉[250] 在执行水星任务时，把一台哈苏 500C 相机带入了太空，并拍摄了第一张太空主题的摄影作品。从那时起，哈苏一直是 NASA 太空计划中最受欢迎的照相机。这些由瑞典哥德堡的维克多·哈苏 AB 公司生产的中画幅相机，被广泛地应用在"双子座计划""阿波罗计划"和"天空实验室计划"中，拍摄了无数震撼人心的太空照片。

哈苏 500EL 陪伴了阿波罗计划的所有任务，前后共有十几台这种四四方方的银色相机被留在月球表面，由它们拍摄的清晰底片则被带回了地球。1968 年的圣诞夜，"阿波罗 8 号"宇航员威廉·安德斯[251] 用 70 毫米规格的哈苏 500EL 相机和 250 毫米的长焦镜头拍摄了这张著名的照片《地球升起》。彼时，安德斯刚刚完成了在月球表面的大量摄影任务，相机内装了一卷新胶卷——由柯达公司定制的埃克塔克罗姆（Ektachrome）。与 NASA 使用的所有哈苏相机一样，哈苏 500EL 是专门为在太空中使用而设计的，银白色的表面有助于控制相机暴露在太空环境中的温度，特制的磨砂对焦屏上蚀刻着十字网格，可以帮助摄影师确定风景的几何特征和估计距离。镜头也经过精确校准，以消除像场畸变。

在转瞬即逝的几秒内，安德斯意识到他从阿波罗指令舱的窗口看到的美景正在不断变化，他迅速拿起相机拍摄了一系列的照片，《地球升起》正是其中对焦和构图最完美的一张。这张照片不仅仅是一幅美妙的摄影作品，它还激发了地球上数百万人的想象力，为萌芽中的环保运动和未来的世界地球日活动提供了灵感。

◀ "阿波罗计划"使用的哈苏 500EL/M 型相机。

73

"阿波罗 11 号" 的月岩
第一份来自异世界的地质样品

公元 1969 年

▶ "阿波罗 11 号" 采集的第 10072,80 号月岩样本,目前在堪培拉深空通信中心的访客中心展出。

月球究竟是由什么构成的?这个问题困扰了人类几千年。自从 1609 年伽利略发明望远镜以来,关于这个问题的解读开始更多地基于现实而不是猜测。后来,许多间接探测方式逐渐问世,如测量月球的反照率,但这只能说明月球一定是由某类岩石构成的。关于月球地质组成的第一个确凿证据来自宇航员在月球表面的实地勘测,他们带回的月岩和月壤比几个世纪以来的推测更具说服力。尼尔·阿姆斯特朗[252] 和巴兹·奥尔德林[253] 在月球表面度过了 21 小时 36 分钟,其中包括一次两个半小时的舱外活动。在这段时间内,他们收集了大约 22 千克的岩石和土壤样本,还部署了几个实验装置,一切都是在精心安排的复杂任务时间表中与时间赛跑。

在这些月球样本中,编号 10072,80 的样本被鉴定为 "多孔、细粒、高钾含量的钛铁矿玄武岩"。这块重 447 克的月球岩石形成于 36 亿年前,但它的宇宙射线暴露年龄大约只有 2.35 亿年,这意味着它生命的大部分时间都被深埋在月球表层之下,但 2.35 亿年前,可能是由于流星撞击月球表层造成的爆炸,它找到了到达月球表面的 "捷径"。在 "阿波罗 11 号" 的岩石样本中还发现了一种地球上没有发现过的新矿物,后来被命名为 "阿姆阿尔柯尔"(Armalcolite)矿石,以纪念 "阿波罗 11 号" 的 3 位任务成员:阿姆斯特朗(取名字中的 ARM),奥尔德林(取名字中的 AL)和柯林斯[254](取名字中的 COL)。

这个样本和其他月岩一同证明了月球表面和地壳一样富含硅酸盐。然而,这并不意味着月球完全由类似地壳的物质构成,因为丰富的钛和铝氧化物占月球样品的 20%。不知何故,月球的形成与地球不同。这一新的成果引出了巨型撞击理论,该理论认为一个火星大小的大型天体与地球相撞,其物质与地球喷出的地壳混合,最终形成了月球。

74

▼ 现代 CCD 传感器。

电荷耦合元件
行星、恒星和星系的非胶片成像技术

公元 1969 年

1961 年，喷气推进实验室的尤金·拉里[255] 提出使用数字成像技术确定航天器在太空中的当前位置和轨道，但当时数字成像技术尚未问世。事实上，正是拉里创造了数字摄影这个术语。1965 年出现了"像素"（pixel）这个单词，它是图片（picture）和元素（element）两个单词的组合。

20 世纪 60 年代，人们曾多次尝试发明一种不依赖真空管的成像系统。电荷耦合元件（CCD）是第一个真正的具有现代数字成像系统所有特质的固态设备，由 AT&T 下属贝尔实验室的工程师乔治·史密斯[256] 和威拉德·博伊尔[257] 于 1969 年发明，二人后来还因这项工作获得了诺贝尔奖。具有讽刺意味的是，起初他们把 CCD 作为一种存储器来开发，以取代"可视电话"中的磁泡存储器。仅仅一年后，工程师们发现这些 CCD 的半导体材料是光敏的，也就意味着 CCD 存储单元可以用于成像设备。很快，许多公司开始开发 CCD 阵列，并将其应用于数码相机，其中飞兆半导体公司一马当先。

尽管飞兆半导体公司推出的 CCD201AD（一款 100×100 像素的传感器）可以"获取"静止图像，并将信号以累积电荷的形式存储在每个图像单元（像素）中，但图像会很快消失。这就是为什么在 20 世纪 70 年代，早期的 CCD 技术主要应用在如飞兆 MV-100 这类固态电视摄像机设计中。1973 年，年轻的工程师史蒂芬·萨森[258] 去伊士曼柯达公司工作，他设计了一种电路，可以将这些数字信号写入磁带中，从而解决了图像消失的问题。这个看似简陋的装置却带来了一场惊天动地的变革，因为整个成像过程都被电子化了，不需要任何化学物质参与其中。此外，这款相机还可以更长时间地"采帧"以记录暗淡的风景，用萨森的 0.01 万像素相机在 CCD 上拍摄一张照片需要 23 秒。（仅在 2017 年，人们就拍摄了 1.2 万亿张数码照片，而且大部分是用智能手机拍摄的，其中最多的是宠物的照片。）

几年后的 1976 年，天文学家首次使用数字摄影技术来开展研究，当时亚利桑那大学的天文学家布拉德福·史密斯[259] 把得克萨斯仪器生产的 400×400 像素

CCD 安装在莱蒙山的 1.52 米望远镜上，拍摄出第一张模糊的天王星图像。这些数据首次揭示了天王星大气层的细节。

NASA 很快在航天器上采用 CCD 成像仪，不仅用它来拍摄行星表面，还将其作为导航系统的关键部件。CCD 成像已经完全改变了太空探索和天文学，并将继续"发光发热"：世界上最大的 CCD 数码相机——一个 32 亿像素的成像仪即将被安装在大口径综合巡天望远镜（LSST）上。在 2022 年投入运行后，整个夜空的高清图像都将被这块巨大的传感器定格。

75

◀"阿波罗 15 号"在月面放置的角反射器。

月球激光测距后向反射器
用激光测量地月距离

公元 1969 年

月球有多远？几个世纪以来，人们对这个数字莫衷一是。到了 20 世纪 50 年代，我们已经可以使用雷达精确测量距离，误差不超过几千米。但是激光的横空出世，与它带来的无比精确的测量技术，为确定这个重要的基础天文数字提供了一种全新的思路。不过，要用激光精确测量距离，至少还需要一次载人登月才行——这就是 NASA 的"阿波罗计划"。

激光测距可不只是在月球放置一面反射镜那么简单，由于宇航员笨重的宇航服和人工定位使得摆放位置误差较大，因此无法保证能够将激光脉冲反射到发出它的望远镜。但是第二次世界大战期间出现的雷达带来了一种新的反射技术，不管这种反射器如何摆放，信号都可以反馈给发送者，这就是角反射器。角反射器由 3 个面向内部、形成立方体顶角的反射镜面组成。1964 年，也就是激光器发明后不久，NASA 第一次接收到了从"探索者 22 号"卫星反射回的激光，反射激光的正是卫星上安装的角反射器。于是，这项技术很快落地应用，成为 1969 年起逐次登月的"阿波罗 11 号、14 号和 15 号"宇航员运送到月球表面的主要实验装置之一：月球激光测距后向反射器。

虽然一束强大的激光束在地球上出发时只有几毫米宽，但当它到达月球表面时，直径就变成了大约 6 千米。从地球出发的 10 万万亿个激光光子，每隔几秒钟只有一个会返回到地球，科学家使用一台安装高灵敏度光度计的大型望远镜来捕捉这些"幸存"的光子。阿波罗的实验终于给出了我们一直在寻找的答案：月球与地球的距离在一年中并不固定，平均距离约为 384 400 千米。在 1 毫米的测量精度下，这些仪器还取得了另一个惊人的发现：我们的月球正以大约每年 3.8 厘米的速度远离地球。[260]

76

▶ 安装在"阿波罗11号"登月舱一侧的月球电视摄影机，正是它拍下了阿姆斯特朗的"一小步"。

阿波罗月球电视摄影机
记录尼尔·阿姆斯特朗标志性的一小步

公元 1969 年

▶ 阿姆斯特朗踏上月球时的电视转播画面。

1969 年 7 月 21 日，协调世界时[261]02:56:15，宇航员尼尔·阿姆斯特朗踏上月球表面，成为第一个踏上另一个天体的人类。当他从 9 阶金属梯子上爬下来时，所做的第一件事就是拉下一个系索的圆坏来安装设备箱并激活电视摄像机。你可能认为，这一历史性的迈步应该采用最高质量的视频画面来记录，但事实上，当它最终面向地球上 6 亿多人播放时却是粗糙模糊的，甚至让人难以看清内容。

这台黑白摄像机由西屋公司制造，尺寸为 28 厘米 ×17.8 厘米 ×7.6 厘米，重 3.18 千克，运行功率约为 7 瓦，并且能够在月球表面的极端温度下工作——从白天的 121 摄氏度到阴凉处的 -151 摄氏度。它还需要大约每秒 1 帧的慢扫描能力，因为月球表面非常暗，阴影处则更暗。更重要的是，视频信号的带宽必须保持在 700 千赫兹，这样才能通过登月舱的 S 波段天线传回地球。

由于阿波罗的电视摄影机是为了适应太空的严酷环境、月球上的光照条件以及 S 波段遥测技术限制而专门设计的，因此这台慢扫描摄像机实际上与商用电视系统并不兼容。传输到 NASA 国际跟踪站的视频信号必须显示在一台特殊的监视器上，然后用一个普通的电视摄像机对着监视器重新录制。结果得到的就是一段画质相当糟糕的视频，里面甚至有宇航员图像的长时间残影。在录制这段具有历史意义的视频大约 12 分钟后，宇航员将摄像机放在三脚架上，用它拍摄了着陆区域的全景片段。与此同时，"阿波罗 11 号"着陆点的其他重磅照片都是用专业级的哈苏相机拍摄的，宇航员曾用它拍摄了数百张高分辨率的异星风光照片。

尽管画质很粗糙，但这部捕捉到阿姆斯特朗第一次与月球接触的影片仍然是人类探索太空历史上最经典的画面之一。一项技术往往会随着时间推移逐渐变得锐利且精致，但是对于我们首次涉足一个新领域或理解一个新发现时，所用的技术往往是粗浅的——就像内布拉星象盘或早期太阳和月亮的银版照片，但正是这些不完美的第一次才值得铭记。

77

◀ 地下深处，一名科研人员正站在由四氯乙烯水箱构成的中微子探测器上方。

霍姆斯特克金矿的中微子探测器
第一个中微子探测器

公元 1970 年

电子、中子和质子是现代核物理学中常见的物质，但早在 1932 年中子被发现之前，对放射性衰变的研究就揭示了另一种亚原子粒子的存在。众所周知，某些放射性同位素会衰变成稳定的原子核，在这个过程中会释放出一个电子。例如，放射性碳 -14 衰变为氮 -14 并释放一个电子，这就要求碳核中的一个中子转化为氮核中的一个质子。沃尔夫冈·泡利[262] 在 1930 年研究了这个衰变过程，并提出了一种新粒子（后来被称为中微子）必须带走衰变过程中丢失能量的理论。

当氢的热核聚变被确定为太阳的能量来源时，科学家们立即就意识到太阳应该是 个强大的中微子来源。探测到太阳中微子将是对氢聚变过程是否是太阳和其他恒星能量来源的又一验证。20 世纪 60 年代末，一个独特的中微子探测器在天文学家约翰·巴孝尔[263] 的计算和雷蒙德·戴维斯[264] 的设计中诞生了。

这个中微子探测器由一个容量为 10 万加仑（378.5 立方米）的水箱组成，里面装满了常见的干洗液体——四氯乙烯。这个水箱被埋在南达科他州利德市的霍姆斯特克金矿地下 1.6 千米处。当中微子与液体相互作用时，一个氯 -37 原子会吸收一个太阳中微子变成一个氩 -37 原子核，放射性的氩原子会被收集和计数，从而计算出每秒进入容器的太阳中微子数量。经过数年的统计，探测到的中微子数量只有理论预期的三分之一，这迫使物理学界反思自己对中微子的了解程度。2001 年，人们发现了中微子振荡的过程，解释了来自太阳的中微子如何在去往地球的途中转变成其他种类的中微子，这也是戴维斯的实验不能探测到所有中微子的原因。如果理论计算时考虑到另外两种类型的中微子——μ 中微子和 τ 中微子，实验和预期之间的差异也就不复存在了。

为什么科学家们要对中微子小题大做呢？因为探测中微子是一种观察和理解恒星能量产生机制的方法，也是研究 140 亿年前宇宙形成后第一瞬间的方法。戴维斯在中微子方面的工作最终为他赢得了 2002 年的诺贝尔物理学奖。

今天，仍有许多不同的中微子探测器在运行，在不远的将来，一些探测器甚至能够探索宇宙大爆炸遗留下来的中微子背景。

153

78

"月球车1号"
首个造访其他世界的机器人

公元 1970 年

派遣机器人探测行星、月球或小行星永远比把人送上太空更便宜，因为人类需要食物、水、空气和加压的航天器。如果机器人技术能够进一步完善，我们只用载人航天计划成本的一小部分就可以自由自在地探索太空中的任何目标了。

在 NASA 的"阿波罗计划"成功地将宇航员送上月球后不久，苏联也在月球上留下了自己的印迹。1970 年 11 月 10 日，苏联发射了"月球17 号"探测器，上面载有一个名为"月球车1号"的无人探测器，它将从着陆器上驶下，在大半年的时间里行驶大约 11 千米，并把旅程中的科学发现传回地球。随后的 1973 年，苏联又把"月球车2号"送上了月球，它在 4 个月内行驶了 37 千米，拍摄了 8 万多张图片。1993 年，"月球车2号"在纽约苏富比拍卖行以68 500 美元的价格售出，成为太阳系中第一个私人拥有的航天器。

这两辆月球车的主体形似浴缸，大约 2 米长，装有放射性同位素加热器，以在寒冷的月夜保持车内温暖。月球车的 8 个轮子可以独立操作，但必须使用特殊的润滑剂，保证齿轮和马达在真空和巨大温差的情况下正常运转。大多数情况下，在月球上漫游比在火星上更艰苦。一直以来，这两辆月球车的安息地点都是个谜团。直到 2010 年，NASA 的"月球勘测轨道飞行器"（LRO）拍摄 2 米分辨率的月球表面图像时，才从一系列图像中发现了这两辆月球车的最终位置。

自从"月球车1号"登陆月球表面以来，一共有 4 辆月球车造访过月球表面。但直到 2013 年 12 月 14 日中国的"玉兔1号"月球车之前，在很长一段时间内月球都没有机器人访客。随后的"玉兔2号"于 2019 年 1 月 3 日成功登陆月球背面，成为第一台在月球背面漫游的月球车。

79

◀ 天空实验室。

天空实验室的健身单车
教会人类在太空中保持健康

公元 1973 年

几十年来，科幻故事从不会告诉你这样的真相，在太空生活和工作的威胁远不止流星雨和太阳风暴这么简单。经过 300 万年的地表进化，人类已经无法适应微重力条件下的太空生活。人们最开始在"双子座 4 号、5 号和 7 号"任务（1965 至 1967 年）以及后来的"联盟 9 号"（1970 年）的任务中意识到了这一点，宇航员们在返回地球后被发现出现轻度骨质流失的症状，现在被称为航天骨量减少症。除了骨质流失，从宇航员身体上还能检测到一些其他的生理效应，如血液滞留在上半身和长时间的眩晕恶心，这些都是由"太空病"引起的。

1973 年 5 月 14 日，美国的天空实验室成功进入轨道，这是人类首次尝试在近地轨道上建立一个坚固的载人实验室。在此之前，先后保持载人飞行最长时间纪录的航天任务是"双子座 7 号"（美国，14 天）和"联盟 9 号"（苏联，18 天）。直到 1974 年 2 月任务结束，天空实验室的第三组宇航员在太空中飞行了 84 天。为此，天空实验室配备了一辆健身单车和一个超级迷你健身房——一种离心健身器械，鼓励宇航员经常锻炼以保持身体健康。

天空实验室带来的丰硕科学成果，不仅体现在太阳科学等方面，还体现在研究太空中长期驻扎对人体的影响。天空实验室帮助科学家在理解骨质流失、上肢血液淤积以及太空中剧烈运动的影响等方面取得了开拓性的进展。

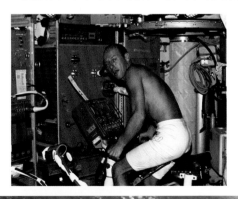

◀ 宇航员皮特·康莱德[265]正在天空实验室中骑车锻炼。

80

激光地球动力学卫星
发现地球真实的面貌

公元 1976 年

▲ 波茨坦重力土豆：位于德国波茨坦的德国地球科学研究中心（GFZ）建立的地球重力场可视化模型。

早在 17 世纪，艾萨克·牛顿爵士就首先提出地球不是一个完美的球体，这一说法在一个世纪后得到了证实——我们的星球在太阳和月球的引力作用下，以一种复杂的方式扭曲成一个扁球体。这一发现对于航海家而言至关重要，因为他们需要更精确的全球地图，以便在海上航行并到达安全的港口。到了 19 世纪和 20 世纪，一门完整的科学和工业体系发展起来，专门致力于测量地球的形状，而且越来越精准。然而，20 世纪 60 年代诞生的空间科学和卫星技术，让大地测量学又一次发生了翻天覆地的变化。

当卫星绕地球轨道运行时，将它束缚在轨道上的引力会有细微的变化，从而导致卫星的轨道高度略微升高或降低。使用无线电或激光信号定时跟踪这些高度变化，就可以推算出地球表面的形状。

第一颗使用这种测量方式的卫星是 1976 年发射的激光地球动力学卫星（LAGEOS）。之后在 1992 年，NASA 与意大利航天局合作发射了 LAGEOS-2。这两颗卫星都是镀铝的黄铜球体，直径为 60 厘米，质量分别为 406.9 千克和 405 千克。每颗卫星表面都覆盖着 426 个角反射器，所以它们看起来像巨大的高尔夫球。从地面上瞄准每颗卫星发出一束激光脉冲，然后接收反射回地面站的光子，已知光以每秒 30 万千米的速度传播，所以发出到接收之间的时间差就可以换算成高度。通过数百万次这样的测量，得到地球形状的精度可以确定在几厘米之内。正是这些丰富的信息让科学家得出了一个惊天结论：我们的星球确实是两极扁平、赤道隆起的。

但数据也揭示了更有趣的东西：大陆块和洋盆之间的重力场存在着差异，于是在建模时地球会呈现出面目全非的形状。研究小组以他们开展可视化工作所在的地方（德国波茨坦）命名这个模型为"波茨坦重力土豆"。研究人员把微小差异放大数千倍，制造出一个夸张的地球模型，以凸显重力场的不规则程度。

▲ 激光地球动力学卫星之一。

81

斯穆特的差分微波辐射计
大爆炸宇宙论的创立

公元 1976 年

1976 年到 1978 年间，天体物理学家乔治·斯穆特[266] 曾多次尝试探测宇宙微波背景辐射作用下的多普勒效应。宇宙微波背景辐射是大爆炸残余的辐射"光芒"，如今只能通过无线电探测到。地球在宇宙中运动时，观测到的宇宙微波背景会因为多普勒效应变得不均匀，这正是斯穆特所寻找的现象。1976 年，斯穆特将一个被称为辐射差值测量计（一种测量微波波长的设备）的仪器安装在一架高空飞行的 U-2 侦察机上。这项划时代的研究揭示了宇宙正在均匀膨胀，且本身并不旋转等诸多现象。1989 年，NASA 宇宙背景探测器

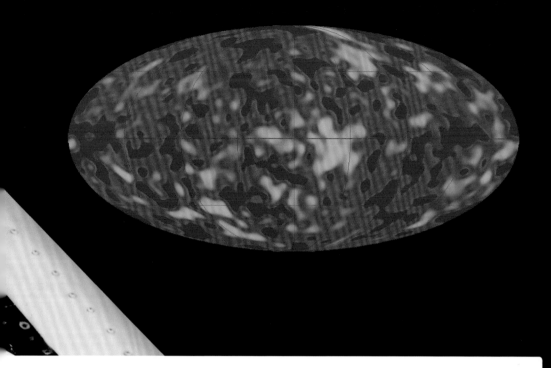

▲ 安装在 U-2 侦察机上辐射差值测量
　计，开创了高精度宇宙学的先河。

▲ 这张图展现了宇宙微波背景的不均匀性。

（COBE）发射升空，用于绘制和分析大爆炸本身遗留下来的宇宙微波背景，而
COBE 的前身正是当年斯穆特安装在侦察机上的辐射计。

　　斯穆特设计的辐射计十分灵敏，它的两扇观察窗可以观测夹角为 60° 方向上宇
宙微波背景辐射的差别，而两对号角形的天线则用于同时测量 33 GHz 和 54GHz 两个
频段的辐射。其中，较大的一对天线工作在 33GHz 频段，用来记录充斥着星际气体
和电离等离子体的星系发出的辐射噪声；较小的一对天线则用来探测海拔 19.8 千米
以上地球上层大气的不均匀性。将两个方向观测得到的强度相减，多数的局部干扰
源就被消除了，只留下银河系在宇宙中运动所产生的微弱信号。

　　这台仪器不负众望，成功地测出了银河系相对于宇宙微波背景的运动。在此
基础上，COBE 卫星使用了一种更先进、更复杂的技术，这种被称为差分微波辐
射计（DMR）的探测器成功地绘制出宇宙微波背景中的不均匀性。全天的宇宙微
波背景分布图本身就是对大爆炸理论的开创性检验。NASA 的威尔金森微波各向
异性探测器（WMAP）和 ESA 的普朗克卫星也搭载了类似的仪器，这些差分微
波辐射计开创了高精度宇宙学的新时代。

82

"海盗号"的远程控制采样臂

在另一个星球表面操控机械

公元 1976 年

▼ "海盗号"火星着陆器使用的表面采样收集头，目前收藏于美国弗吉尼亚州汉普顿的 NASA 兰利研究中心档案馆。

自 1966 年"探测者计划"首次登陆月球以来，科学家们一直想要敲一敲行星表面，发掘出探槽中的矿物样本，或者采集标本进行现场化学分析。这些都需要一条安装马达和润滑油的机械臂，以承受太空严酷环境，但这绝非易事。对于"探测者号"而言，所需要的只是一个伸缩臂和安装在末端的普通勺子。因为即使这个装置坏了，只要探测器的一小块安全着陆，并且拍摄到周围环境的照片，这个任务就算成功了。但对于 1976 年的"海盗计划"而言，其科学目标更加复杂，要求也更高。这次任务成功的希望全都寄托在可伸缩机械臂和铲子上，科学家们期待着这个装置能够采集几盎司火星土壤，然后把它们送到机载化学分析站中，探寻与有机生命有关的外星分子——这也是每个科幻小说作者都想在火星上找到的东西。

机械臂的第一个部分被 NASA 称为"表面样本获取组件"（SSAA），这只是一个简单的机械装置，最多可以将机械臂延长 3 米，以到达摄像系统事先拍摄到的指定发掘地点。一旦到达那里，一个名为"表面采样收集头"（SSCH）的多功能铲子将开始挖掘探槽，收集几盎司原始次表层土壤。然后，采集到的样本会被迅速地转移到化学分析站的入口。取样器将不断旋转和摇晃以筛分小颗粒土壤送入仪器分析。为了完成这项意义非凡的测定工作，每一个步骤都必须分毫不差，众多子系统必须按照正确的顺序自动工作。

直到最后，"海盗计划"也没有在火星土壤中发现有机物存在的证据。然而，化学分析站数据的后续研究让科学家们对这一结论提出了质疑。"好奇号"火星车的土壤取样器使用了与"海盗号"一样的传统技术，只不过它将取样头换成了用于钻探和现场化学分析的集成设备，从而使 SSAA 的设计又向前迈进了一大步。数百个样品的测试结果表明，火星表面的化学成分似乎比人们想象的要复杂得多。至少目前，我们还不能完全排除火星上曾经存在有机过程的可能性。

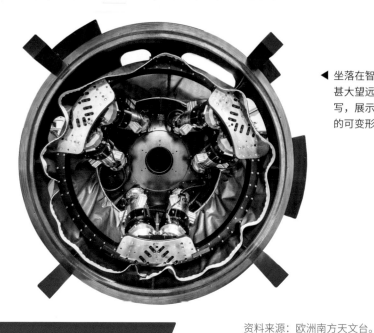

坐落在智利北部的甚大望远镜主镜特写，展示出了纤薄的可变形镜子。

资料来源：欧洲南方天文台。

83

"橡胶镜面"

为望远镜戴上了自适应光学的"眼镜"

公元 1977 年

几个世纪以来，大气湍流一直是天文学家们的公敌：当星光穿越动荡的地球大气层时，从地面上看起来星星就像在闪烁。这种闪烁代表了点状的星像在毫秒级的时间内跳动几个角秒距离，而且这种跳动导致的闪烁完全没有规律可循。正是因为存在这种失真，即使是设计最完美的望远镜在观测恒星、月球或火星表面的细微特征时，图像也会滑移和模糊。目前有三种方法可以克服这种干扰：前两种比较困难，只有第三种比较容易。

理论上来说，最简单的方法是连续的短曝光。于是，当大气导致天体位置发生变化时，整幅图像都会一起位移。这种方法需要每秒拍摄数百张图像，然后处理时舍弃质量差的图像，把质量好的图像对齐叠加，就抵消了闪烁导致的星像滑移。但是，由于曝光时间很短，这种方式只适用于非常明亮的天体，如太阳、月球和一些较亮的星星。对于星云和星系这类暗弱的天体，使用这种方法会导致曝光不足。尽

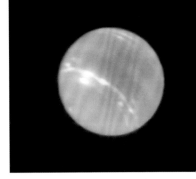

▶ 欧洲南方天文台甚
大望远镜使用 MUSE
光 谱 仪 和 GALACSI
自适应系统拍摄的海
王星。

资料来源: 欧洲南方天文台 /P. 威尔巴赫 [德国波茨坦，莱布尼茨天文研究所]

管这种被称为"闪烁抑制"的方法很简单，但在实践中的表现并不好。

前两种困难的方法反而表现出惊人的效力，第一种是像哈勃太空望远镜那样把望远镜放置在大气层之外，当然成本可不菲，而且只能把比地面天文台小得多的望远镜送上太空。

第二种困难的方法就是 1953 年天文学家贺拉斯·巴布科克[267]首先提出的自适应光学。当光线穿过湍动的大气层后，到达焦点时的光程会略有不同，这就导致望远镜成像的不同区域存在相位偏移——这正是导致光学模糊的原因。巴布科克提议使用可以变形的镜片来抵消这种相位偏移。

起初，研究验证巴布科克理论的机构是美国军方，但是最关键的突破则来自诺贝尔奖得主、实验物理学家路易斯·阿尔瓦雷茨[268]和他在劳伦斯伯克利国家实验室的研究团队，并于 1977 年建造了一个巴布科克理论中提及的"橡胶镜面"来校正图像。物理学家弗兰克·克劳福德[269]领导的研究小组开发了一个带有这种柔性"橡胶镜面"的望远镜模型，实际证明了这一概念可以用于天文观测。

这是一个超前于时代的想法。20 年后，技术的发展才满足了自适应光学的精度需求，使其能够真正用在天文观测中。今天的自适应光学技术完全建立在巴布科克的设想上，利用激光在天空中激发出一颗相位特性已知的"人造恒星"作为信标。如果想要得到一张清晰锐利的图像，画面中所有电磁波到达传感器时的相位必须相同。但是，大气闪烁产生的光程差，导致电磁波不同部分的相位不一致。因为这颗引导星由完美同相位的激光光源产生，所以地面可以观测到的引导星的所有变化都受到大气闪烁的干扰。望远镜以每秒一千余次的频率记录下引导星的相位变化，然后按照相同的频率机械地调整变形副镜的面形，从而抵消图像上的相位差，结果得到的就是消除大气闪烁后完美的共相图像。这项技术可以通用于明亮或暗淡的天体，并允许望远镜施展其全部光学能力。

自适应光学系统已经成为各大天文台的标准配置，安装了自适应光学系统后的大口径望远镜，在地面就能够开展与哈勃空间望远镜类似的研究，而且成本更低。

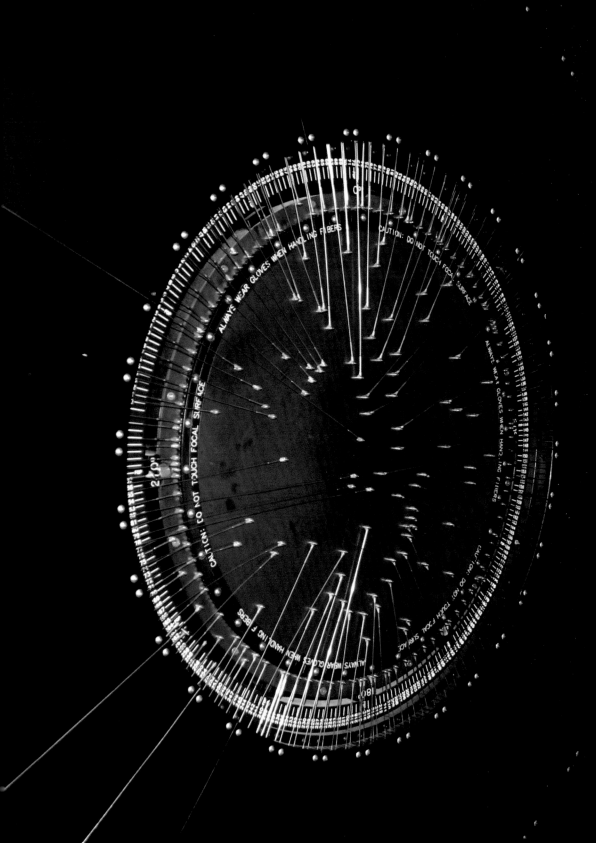

◀ 这是 Hydra 光谱仪拍摄到的 100 颗恒星光谱的细节，Hydra 是一台工作在光学波段的多光纤光谱仪，拍摄时光会被光纤导入同一条狭缝成像。

资料来源：欧洲南方天文台。

◀ 美国国家光学天文台的 Hydra 多光纤光谱仪。

84

多光纤光谱仪
同时研究上百个星系的光谱

公元 1978 年

几十年来，天文学家一次只能采集一个目标的高分辨率光谱数据（色散后的电磁辐射图）。一些低分辨率的摄谱系统可以在一次长时间曝光的图像中拍摄整个星场的光谱，但为了化学分析，你必须通过分光镜来解构光谱的细节。当时的挑战在于，如何将来自多个单一目标的光以不混杂在一起的方式送入摄谱仪。在 20 世纪 70 年代，这一难题终于得到解决，这都得归功于通信行业高质量光纤的发展。

1978 年，亚利桑那大学的天文学家罗杰·安吉尔[270] 和他的研究生测试了这些新光纤的质量。他们使用 92 厘米的望远镜汇聚来自类星体 3C273 的光，然后将其导入 20 米的光纤，最终送入光谱仪，实验的结果十分乐观。1 年后，通过对齐每根光纤与 Abell 754 星系团内 8 个星系的位置，第一台 20 根光纤摄谱仪"美杜莎"诞生了。

在多光纤光谱仪刚刚面世的初期，天文学家如果想使用这项技术观测目标天区，首先需要找一片金属板，然后找到目标在焦平面上成像时对应的位置钻孔。这个耗时的工序往往会在观测前几周完成。在正式观测时，这块板会被安装在望远镜的焦平面上，并且每个孔都会用机械或胶水固定一根光纤，光纤的另一端会被连接到望远镜的光谱仪上。这种费时费力的方法被称为光纤插接板技术。最终，天文学家就可以同时研究几十个天体的光谱了。到了 20 世纪 80 年代，这种单调乏味的工作大部分都实现了自动化。如今，大型天文台都配备了这种多目标光谱仪作为观测终端，每天晚上能够同时观测 400 多个目标。

正是光谱学历史上的这一重大飞跃，成就了过去 20 年间的星系巡天项目。斯隆数字化巡天（SDSS）是人类开展的最艰巨的巡天项目之一。该项目的第一阶段从 1998 年起到 2008 年为止，主要使用的是美国新墨西哥州阿帕奇天文台的 2.5 米口径望远镜。这台望远镜配备了一台多光纤光谱仪，能够同时观测 640 个星系，每晚可以获得近 6000 个星系的光谱。如今，SDSS 的巡天之旅仍在继续，目前已经探测过数亿个天体，为我们了解宇宙深处的结构提供了重大帮助。

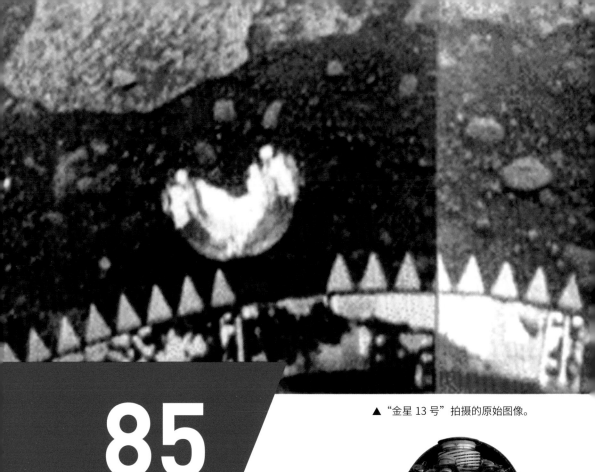

▲ "金星 13 号"拍摄的原始图像。

▲ "金星号"着陆器的模型。

85

"金星号"着陆器
探索金星的表面

公元 1981 年

1961 至 1983 年这二十多年内，苏联发射了 16 个"金星号"航天器来研究金星，包括一系列轨道器、大气探测器和着陆器。一些探测器——从"金星 7 号到 14 号"——成功地带着仪器载荷降落在火星表面。其中，"金星 13 号"工作时间最长，在电池耗尽前运行了两个多小时。1966 年，金星 3 号撞击金星，成为第一个撞击其他行星的人造探测器。"金星 5 号和 6 号"在打开降落伞气动减速过程中，各自回传了不到 1 小时的大气数据。1970 年，金星 7 号成功降落在金星表面，并发送了 23 分钟的数据——它是首个在另一颗行星上着陆的探测器。1975 至 1978 年间的"金星 9 号、10 号、11 号和 12 号"均为重达 2～5 吨的大型着陆器，"金星 9 号和 10 号"探测器工作了大约 1 小时，

"金星 11 号和 12 号"都传输了大约 100 分钟的数据，但它们的相机镜头盖出了故障，所以没有发送图像。最后一对着陆器"金星 13 号和 14 号"于 1981 年发射，它们分别工作了 127 分钟和 57 分钟，并拍摄了大量金星表面的照片。因为金星的表面温度超过 472 摄氏度，大气压为 90 个地球大气压，没人觉得这些探测器能够在过热的环境下运行超过 30 分钟。尽管如此，每一个"金星号"航天器都丰富了人类对金星的理解，尤其是它所克服的工程技术挑战。

　　"金星 9 号、10 号、13 号和 14 号"传回的那些失真图片揭示了金星神秘的地表：圆润的石粒和平坦的石板一直延展到遥远的"地平线"——因为俯视拍摄，这个"地平线"离探测器只有几十米远。

　　在金星上操控探测器的难度巨大。"金星号"着陆器是基于 20 世纪 60 年代和 70 年代的传统电子器件研制的，其中包括硅集成电路。这些电子设备在温度超过 250 摄氏度时就会开始出现故障。一旦登陆金星表面，着陆器就无法主动冷却下来，因为探测器没有余地去安装笨重且需要额外能源的制冷系统，电池也会因为过热而报废。近年来，NASA 研发了一种基于硅碳化合物的电子元件和线路，有望在金星的恶劣环境下工作数天。未来，当我们决定重返金星时，新一代的着陆器将比古老的"金星号"着陆器表现得好得多。给探测器们一点额外的时间，谁也不知道它们会发现什么。

86

◄ 航天飞机助推器使用的黑色 O 形橡胶圈。

▲ 1986 年"挑战者号"航天飞机事故。

"挑战者号"失效的
O 形密封圈
一个不起眼的密封圈和一场历史惨剧

公元 1986 年

究竟是谁发明了圆形橡胶圈"O 形圈",如今已经无从得知了,我们只知道这项专利首次出现在 1896 年,是伦德贝格在瑞典申请的;托马斯·爱迪生[271] 则从 1882 年起一直在电灯设计中使用他自己发明的 O 形圈,他称之为"弹性塞子"(美国专利号 264653);丹麦工程师尼尔斯·克里斯滕[272] 则被誉为这个装置的发明者,因为他是 O 形橡胶圈专利的持有人(美国专利号 2180795)。克里斯滕一直在寻找和研制在金属活塞上使用的液压密封方法,经过反复试验,他最终发现一个涂上油脂并在压力下压紧的环形橡胶垫圈能完美地胜任这个任务。

无论谁首先设计了 O 形圈,如今它随处可见。花园的水管和水龙头,以及航天器设计和核物理中都有 O 形圈的身影。最小的 O 形圈直径只有 0.1 毫米,用于医疗设备和仪器;最大的 O 形圈是火箭工业中用于密封固体火箭助推器,其直径可达 3.7 米以上。大多数情况下,O 形圈都能完美地完成工作,没有人会太在意它们的存在,只有当它们"闯祸"时才会引人注目。到目前为止,O 形圈导致的最严重事故发生在 1986 年 1 月 28 日,这也是世界航天史上最黑暗的一天——"挑战者号"航天飞机失事。

"挑战者号"发射当天的气温远低于 O 形圈工作极限,这些巨大的 O 形圈正是密封固体火箭助推器各部件的主要元件。其中一个 O 形圈在寒冷中失去了弹性,使密封在助推器内部的高温燃气泄漏,火焰蹿出裂缝并烧穿了燃料箱,最终化为一团烈焰。在这一过程中,航天飞机与助推器和燃料箱分离。由于无法承受空气动力,航天飞机最终解体。乘员舱坠入大西洋,机上 7 名宇航员全部罹难。

这一悲剧提醒我们,航天飞行其实非常复杂:每一个元件,甚至像橡胶密封件这样看似微不足道的零件都扮演着至关重要的角色,为了任务成功必须万无一失。O 形圈通常默默无闻,但是太空探索对这些简单橡胶圈的依赖程度不亚于其他重要部件。

▲ COSTAR 系统包含 5 对小校正镜，安装在一条可伸展的悬臂上。COSTAR 系统能够将改正过后的光线送往哈勃空间望远镜的其他仪器：暗天体相机、暗天体光谱仪和戈达德高分辨率光谱仪。

87

空间望远镜光轴补偿校正光学系统

帮助哈勃空间望远镜重获新生

公元 1993 年

几十年来，天文学家一直想在太空中建造一个巨大的"望远镜之母"。这不仅是一台望远镜，而是一种口径至少有整整 0.9 米、天文台级别的观测系统，可以用于研究太空中暗弱而遥远的物体。地球不稳定的大气导致星光闪烁，削弱了所有地面望远镜的最高分辨率，所以太空一直被认为是严肃天文研究的完美场所。1990 年 4 月 24 日，天文学家的夙愿终于实现了。NASA 使用航天飞机将拥有 2.4 米巨大镜片的哈勃空间望远镜（HST）送入轨道。随着天文学家需求的变化和技术进步，NASA 每隔 3 年左右会进行一次在轨维护作业，以排除故障并更换新的仪器。

不幸的是，这个天文望远镜的"新标杆"不孚众望，它传回的第一张图像就

▲《创世之柱》，天文学家称之为鹰状星云（或M16），是一个位于巨蛇座的反射星云。

模糊不清。人们很快发现，无论如何调整 HST 内部的机械结构，它都无法正确地聚焦。但在调整过程中，科学家发现模糊的变化特征符合一种被称为"球面像差"的光学缺陷，即镜面从中心到边缘的每一圈的焦点不重合，光线汇聚点沿着光轴纵向排列的现象。调查显示，负责制作主镜片的公司在装配检测设备时，设备中的一个镜片偏离了 1.3 毫米的位置。在轨道上更换主镜是不可能的，所以天文学家着手设计一种被称为"空间望远镜光轴补偿校正光学系统"（COSTAR 系统）的校正装置，并在 1993 年第一次航天飞机维护任务（STS-61）期间把它安装在 HST 上。在这次维护中，望远镜原来的广域和行星相机（WFPC）被内部集成了 COSTAR 系统的第二代广域和行星相机（WFPC2）所取代，正是这台新晋的设备拍摄出了最美丽的图像。

　　多亏了这次"太空救援"，重获新生的 HST 才能取得许多让天文学家都意想不到的重大发现。在经过惊人的 29 年长期运行后，HST 捕捉到了近 4 万个天体的 100 多万张照片，而驱动所有系统的电力需求仅为 2400 瓦——和一间小房子的需求差不多。每周，哈勃空间望远镜会向地球传回 150 千兆的数据，其中大部分是图像。这张著名的照片名为《创世之柱》，是在 1995 年愚人节由天文学家杰夫·赫斯特和保罗·斯考恩用 WFPC2 拍摄的。如果没有 COSTAR，哈勃空间望远镜不会成为今天举世闻名的望远镜，而是一个有着重大缺陷的失败项目。

88

互补金属氧化物半导体传感器
拍摄高清的天文照片

公元 1995 年

数十年来，最受青睐的固态成像设备一直是 1969 年发明的电荷耦合元件（CCD）。到了 20 世纪 80 年代，商用摄像机开始广泛使用 CCD。1975 年，柯达工程师史蒂芬·萨森发明的第一台数码相机就是 CCD 成像仪。同一时期，互补金属氧化物半导体（CMOS）技术也于 1963 年诞生。CMOS 起初被用作构建微处理器、RAM 存储器和其他数字电路设计的集成电路。20 世纪 80 年代，随着消费型计算机市场的急剧增长，CMOS 成为设计低功耗大型 RAM 存储器的首选技术。

这些商用技术的进步为 NASA 喷气推进实验室（JPL）的工程师团队提供了基础。在埃里克·弗休姆[273]的领导下，他们开始探索使用 CMOS 架构和制造技术开发紧凑、低功耗航天器在成像传感器方面的潜力。20 世纪 90 年代初，弗休姆发明了有源像素传感器，这款图像传感器在低功耗和低噪声两方面超越了传统的 CCD 成像系统，获得的图像更加清晰。此外，CMOS 还有另一个主要优势：图像传感器与辅助元件可以制造在同一枚芯片上，这使得人们可以把一台微型相机集成在方寸之间，而且所有必要的成像技术俱全，极大地节省了制造时间和成本。

尽管弗休姆成功研制出了第一个 CMOS 图像传感器，NASA 却仍然专注于 CCD 技术，并没有进一步推动 CMOS 的发展。弗休姆很快预见到了 CMOS 作为成像元件的巨大商业价值，他和他在 JPL 的同事塞布丽娜·凯梅尼决定自己投资这项技术。1995 年，他们共同创立了 Photobit 公司，并从 JPL 获得了 CMOS 技术的许可。1998 年，Photobit 设计并向市场推出了第一款数码相机传感器 PB-159，紧接着 PB-100 问世。第二款传感器随后成为英特尔 Easy PC 和罗技 QuickCam 这两款网络摄像头的核心。这些相机将视频会议带入主流，并使业界相信 CMOS 成像是未来的发展方向。Photobit 最终被美光科技收购，到 2013 年，全球每年生产的 CMOS 成像设备超过 10 亿部。如今，它们是所有智能手机不可或缺的一部分。

时至今日，NASA 几乎所有的航天器任务仍然在使用 CCD，因为 CMOS 无法满足严苛的成像需求。但是，CMOS 传感器是航天技术进入我们日常生活的又一经典案例，换句话说，我们大多数人都随身携带着为太空计划研发的成像设备。

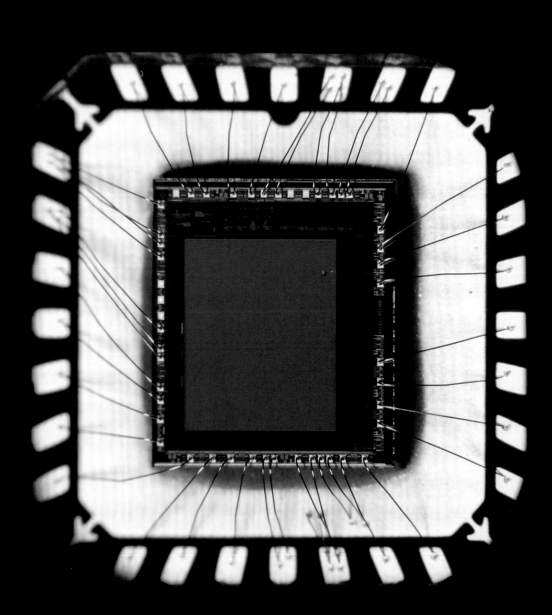

▲ 一张 ALH84001 陨石的扫描电子显微镜照片，图中正是碳酸盐矿物中谣传的"纳米细菌"。

▲ 这块有 45 亿年历史的石头就是 ALH84001 陨石，也是科学家发现非生命过程产生有机物的 10 块火星陨石之一。

89

艾伦山陨石

搜寻外星人成了一项正经事

公元 1996 年

1996 年 8 月 6 日，NASA 科学家大卫·麦凯[274]宣布，他在一块名为 ALH84001 的陨石上发现了火星上存在微生物的证据。美国南极陨石搜寻小组于 1984 年在南极洲的艾伦山地区发现了这块陨石。麦凯此次发现的似乎是微小的杆状生物，类似于分段的纳米细菌。这一爆炸性的消息甚至惊动了当时的美国总统——第二天，克林顿在白宫南草坪召开新闻发布会时也提及了这一消息。但是，质疑的声音也此起彼伏。已故天文学家卡尔·萨根[275]曾说过："非凡的主张需要非凡的证据。"

科学家们针对各种成分进行了大量的放射性测年分析，终于揭开了这块近 2.3 千克重的陨石复杂的身世之谜——它来自火星。大约 1700 万年前，ALH84001

陨石被抛离火星表面，大约在 1.3 万年前撞击南极洲的艾伦山，经历了冰雪的掩埋，直到冰雪消融才再次重见天日，随后于 1948 年被科学家发现。根据矿物学分析，这块陨石的年龄超过 40 亿年，并且当它成形时火星上还存在大量的水。大约在 36 亿年前，某种溶解着碳酸盐矿物的流体（可能是水）渗入了火成岩的裂隙，在这一过程中，碳酸盐沉积形成了大量的微化石。

这些微化石的直径只有 20~100 纳米——远小于传统的 DNA 病毒，但仍然大于完全由 RNA 组成的病毒。随后的一些调查几乎可以确定，这些微化石并非源自外星生物，可能是在地质作用下自然形成的。

尽管这颗陨石不是火星上存在生命的确凿证据，但它使我们寻找地外生命的态度发生了翻天覆地的变化。在此之前，寻找外星人只是一个羞于启齿的幻想，陨石事件使之成为一项严肃的科学研究——NASA 更是尤为看重。转变视角的关键原因是人类意识到当偶遇太空中的生命时，我们甚至不知道如何去识别它。NASA 迅速成立了研究嗜极细菌的项目，并升级各项实验以检测极端条件下的生命。

这一发生在"海盗号"探测计划结束后的科学事件，直接促成了一批振奋人心的着陆器和火星车新项目，其中就包括大名鼎鼎的"好奇号"火星车，以及它上面搭载的精密化学实验室。ALH84001 带来深远的科学影响不局限于火星探测领域，还包括搜寻太阳系外行星，以及在木星和土星的众多卫星表面下寻找液态水。总有一天，这些研究可能会在宇宙的其他角落发现真正的生命化石——或者仍然存在的鲜活生命。

90

"旅居者号"火星车
漫步火星的机器人先驱

公元 1997 年

1997 年 7 月 4 日，火星"探路者号"降落在阿瑞斯谷，随后，一台装有三对轮子的"相机"驶离着陆器，开往火星表面——这就是"旅居者号"火星车，第一辆行驶在其他行星表面的探测器。在接下来的 83 天里，远在地球的工程师遥控着这台 11.34 千克重的探测器，在"探路者号"周围约 362 米的范围内探索，获得了大约 550 张火星地表的图像。附近的着陆器也没闲着，同样传回了 16 000 多张照片。

"旅居者号"火星车有三个摄像头：两个前置单色摄像头和一个后置彩色摄像头。每个前置摄像头重 42.5 克，镜头口径 4 毫米，CCD 传感器尺寸为

768×484 像素——现在看来比我们手中智能手机的摄像头大不了多少。

　　"旅居者号"首先将图像传回"卡尔·萨根纪念站"——这是"探路者号"着陆后的新名字，然后这些图像再通过着陆器的遥测系统传回地球。"旅居者号"总共发送了 287 兆的数据，这些照片的分辨率比"视网膜"（人眼的分辨率）略低，但其历史意义却不低，为我们提供了一个认识火星的全新视角。照片的科学价值也非同小可，它们揭示了火星曾经的气候比现在更温暖、更湿润。

　　尽管"旅居者号"是一项重大突破，但其背后的基础技术显然是落后的。早在 20 世纪 70 年代初，苏联的月球车就曾在月球表面漫游，不过驾驶火星车有其特殊的挑战性：虽然地球上的操作人员能够实时控制月球车的行动，但这种方法在火星上就行不通了，因为地球与火星通信的单向延迟高达 20 分钟。在这往返的 40 分钟内什么灾难都有可能发生，火星车只能自生自灭！所以，"旅居者号"被设计成半自主式的探测器，不需要地球上操作者不间断地发送指令，就可以自主进行一些科学实验。

　　因此，"旅居者号"不仅是太空探索的一个转折点，也是机器人技术的一个里程碑——这台令人难以置信的火星车能够在距离人类数百万千米外的异星表面，像机器人地质学家一样进行测量、测绘和化学分析的工作。

91

◀ 陀螺仪转子和外壳的特写。

引力探测器 B
检验广义相对论

公元 2004 年

引力探测器 B（GP-B）是 NASA 在 2004 年 4 月 20 日发射的卫星任务，目标是探测阿尔伯特·爱因斯坦广义相对论中两个未经证实但十分重要的预言：测地线效应（即空间本身是有弹性的，并且可以吸收一个粒子旋转产生的能量）和参考系拖拽（即一个在空间中转动的物体对周围的时空产生拖拽的现象）。这种精密的测量工作需要借助 4 个陀螺仪，卫星搭载着它们在 400 千米高的极轨道飞行时，仪器将记录下这些陀螺仪在旋转方向上的所有微小变化。陀螺仪转子悬浮在陀螺仪外壳内，不会接触到卫星的任何部分，也就是说，每个球体其实都是独立的地球卫星，它们在空间中的指向变化时刻都在传感器的精确监测下。

根据爱因斯坦的广义相对论，GP-B 在环绕地球数千圈的过程中，陀螺仪的自转轴应该会偏移一个非常微小的角度。但是，为了数据准确可信，陀螺仪的规格必须近乎完美才行。经过多年的努力和技术探索，科学家们终于制作出直径 3.81 厘米的纯熔融石英球体，它和一个标准球体在尺度上只有几层原子的差距，非常光滑。吉尼斯世界纪录将这些石英球认定为人类制造出的最接近完美球体的物体。如果把 GP-B 的陀螺仪转子放大到地球大小，球面上最高的"山峰"或最深的"海沟"仅仅只有 2.44 米高或深！宇宙中比这更完美的球体只有中子星了。这项陀螺技术的另一个惊人之处是石英球每分钟旋转 4000 转，但如果把它们放在低摩擦的真空中，15000 年后才会停止旋转。

到 2011 年，参考系拖拽效应的测量值是 39.2 毫角秒，与预测值 37.2 ± 7.2 毫角秒误差不超过 5%。测地线效应的测量值为 6606 毫角秒，与预期值 6602 ± 18 毫角秒的差距不超过 0.06%。GP-B 仍然是测定这些重要相对论效应最精确的实验之一。

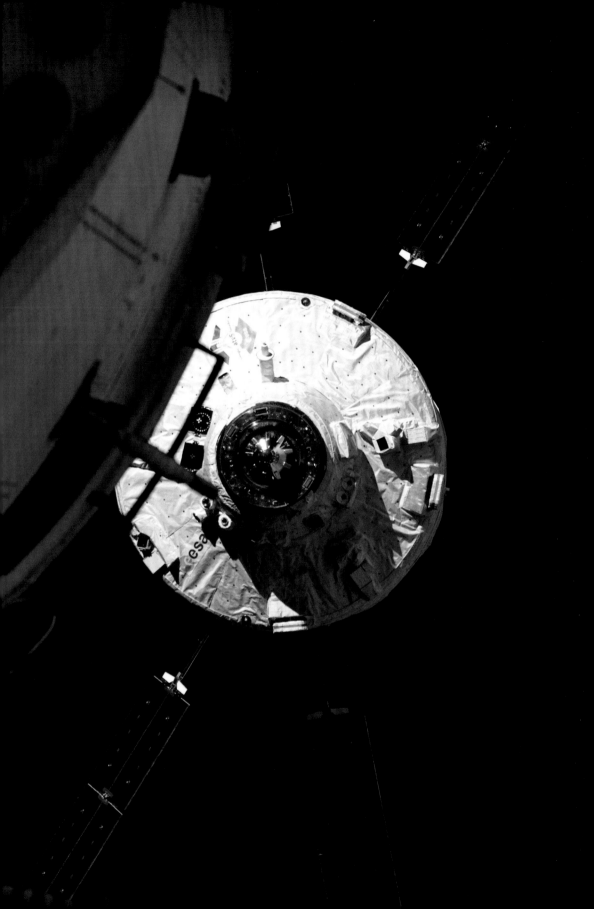

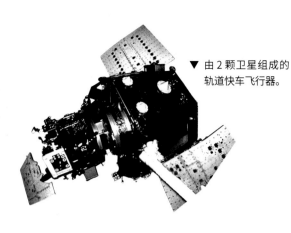

▼ 由 2 颗卫星组成的
轨道快车飞行器。

92

激光雷达
无须人类操心的自动交会对接

公元 2007 年

20世纪 60 年代，苏联宇航员乘坐飞船时并没有太多的自主权，大多数飞行控制工作都由地面专家完成。因此，苏联在太空计划中积极推进自动交会对接技术，并且在 1967 年 10 月 30 日，成功地让"宇宙 186 号""宇宙 188 号"这两艘无人飞船完成了首次在轨交会对接。

相比之下，从 1966 年尼尔·阿姆斯特朗和大卫·斯科特[276] 驾驶的"双子座 8 号"飞船开始，美国的太空计划就依赖于宇航员的全手动对接操作。其实，"双子座计划"的主要目标之一就是为"阿波罗计划"和最终在绕月轨道上的登月舱和指令舱的对接提供演练和优化的机会。这种手动对接技术后来也用于航天飞机和国际空间站（ISS）对接。手动对接虽好，但至少有一个硬伤，那就是它们根本不适用于无人的远程卫星在轨服务或空间站补给任务。

数十年后，在激光雷达（LIDAR，也称为 LADAR）的帮助下，NASA 终于实现了自动交会对接。激光雷达的工作原理很像雷达，通过发射激光脉冲（雷达发射的是无线电波）来探测物体的形状和距离，并记录反射的回波。2007 年 4 月，在美国国防部主导的轨道快车任务中，激光雷达贡献卓著。轨道快车任务包括两架无人航天器，能够在"先进视频导引传感"（AVGS）的控制下自主完成在轨交会对接和分离操作。AVGS 实际上就是一种激光雷达系统，使用激光照亮目标上安装的角反射器，然后获取目标图像来修正对接飞行器的接近位置与相对速度。这是美国航天史上首次无人交会对接。

虽然激光雷达在许多航天项目中功勋卓著，但它最大的贡献或许是在眼科领域。自动科技公司将他们为 NASA 研发的激光追踪技术用在了眼部手术中跟踪眼球，1998 年以"LADARVision CustomCornea"的名义将这种新手术方式推广开来。目前，LADARVision 能够在每秒钟完成 4000 次测量，让医生能够在角膜塑形的手术中精确跟踪患者的眼球运动。有趣的是，直到 2007 年，NASA 才允许激光矫正术后达到 20/20 视力[277] 标准的宇航员参与太空飞行。

93

大型强子对撞机
有史以来最复杂的人造机器

公元 2008 年

宇宙由物质构成，因此，我们关于宇宙形成的理论都必须建立在描述物质本质的详细图景上，这对于研究恒星演化和宇宙大爆炸后续时刻尤为重要。高能物理学使用被称为加速器的巨大仪器来研究原子和亚原子物质的详细结构。

当你试图描述这些巨大的高能物理仪器时，你会发现自己很快就才尽词穷了。为了分辨和测量在原子内部来去匆匆的亚原子粒子，我们必须使用加速器将大量能量集中在一小块空间里。爱因斯坦的公式 $E=mc^2$ 告诉我们，如果想创造质子、中子和电子等常见粒子以外的粒子，可以借助高能碰撞，需要非常复杂的仪器。首先，将粒子加速到非常接近光速；然后，通过聚焦增加碰撞概率。经过详细分析碰撞过程，可以研究创造出的新粒子，以证实或反驳特定的物质理论。

这就需要大型强子对撞机（LHC）了。LHC是有史以来最大的科学仪器，也是目前为止地球上最大的机器。1998年，一个由大学和物理实验室组成的国际联盟开始建设LHC，并于2008年建成。LHC进行的试验旨在突破一个重要的能量水平，物理学家们认为超过这个环境可能会出现一种"新物理学"，也就是物理规律的表象可能与我们所熟悉的不同。LHC是数代加速器设计师的经验和几十台如美国费米实验室这种低能量加速器工程实践的结晶，这是一台27.4千米长的巨型环形加速器，由大约9000个超导聚焦磁环组成，深埋在瑞士日内瓦郊区91.4米深的地下。但建成加速器只是开端，运行LHC需要占用本地电网超过100兆瓦的电力供给、100吨液氮制冷和2900千米的线缆来输送电力和数据。

当加速器运行时，质子以99.9999%光速沿环线对向飞行。粒子束聚焦在环线上几个房间般大小的传感器。加速器内每秒会发生数百万次碰撞，产生的粒子喷流直击传感器的深处，细节特征就会被电子设备和传感器悉数记下。这些碰撞每年产生超过25000TB的数据量，以至于必须外包给世界各地的数百个超级计算中心进行实时处理。

2012年，大型强子对撞机历史性地发现了希格斯玻色子——物理学家称之为标准模型的理论中缺失的粒子。在2018年底关闭升级之前，大型强子对撞机正在13万亿伏特（13 TeV）的极高能量下测试标准模型，以观察目前的物质和力的理论在何处失效，但尚未发现"新物理学"。

94

开普勒空间望远镜
在宇宙中架起世界上最大的数码相机

公元 2009 年

▲ 开普勒空间望远镜的焦平面传感器阵列。

想象在一个温暖的夏夜，你看着门廊的灯，一只大飞蛾在它周围飞舞。当飞蛾穿过你的视线时，它会遮挡一些灯光并使其微微变暗。自 20 世纪 90 年代末以来，这一基本思想就被用来探测围绕其他恒星公转的行星。到 2008 年，天文学家已经探测到超过 250 颗系外行星，这些行星遮挡住主星发出的光芒，产生了所谓的凌星现象。

但测量恒星微弱亮度变化的技术正在取得相当大的进展。美国加利福尼亚州的 NASA 艾姆斯研究中心由威廉·博鲁茨基[278]领导的一组天文学家研究出了一种新的探测策略：使用数字成像技术同时测量数千颗恒星的亮度。如果使用口径合适的望远镜，单颗恒星的图像会占据相机视野中的几个像素。如果你使用电信号测量恒星的亮度，你就可以频繁地拍摄同一恒星场的照片，并在每几分钟内捕捉数十万颗恒星的光线变化。这将揭示哪些恒星被物体环绕着。

开普勒空间望远镜于 2009 年 3 月 7 日发射（2018 年退役），其中一台口径 1.4 米、视场为 12 度的望远镜，被安装在鲍尔航空航天公司制造的卫星上，在轨后一直指向天鹅座的同一片天区。每小时，每一天，它都使用精准的反作用轮陀螺仪盯着那片区域。望远镜的焦点放置了一台先进的数码相机——这是发射到太空最大的相机。它包含 42 个 CCD 图形传感器，每个都是 2200×1024 像素，总计 9500 万像素。开普勒空间望远镜和它的相机阵列能够在 150 个满月大小的天区内监测超过 15 万颗恒星。

相机每 6 秒记录的海量数据就超出了卫星的储存上限，所以需要筛选存储必要的信息（大约占总像素数的 5%），并每月传输一次。然而，开普勒空间望远镜每天都可以对各颗恒星进行数百次测光观测，能够感知到的亮度变化仅为 12 等恒星的 0.3‰。举例来说，人类肉眼所能看到的最暗的恒星大约为 6 等，这意味着望远镜观测的恒星比人类肉眼在天空中看到的暗 300 倍。开普勒空间望远镜的

▲ 由开普勒空间望远镜的 42 块 CCD
图形传感器拍摄的全域照片。

▲ 艺术家绘制的开普勒 -186f 想象图。

先进相机具有非常灵敏的光探测能力，可以探测到地球大小的行星遮掩主星时削弱的亮度。

2014 年，开普勒空间望远镜公布了一个重磅成果：首次发现了另一颗与地球大小类似的系外行星开普勒 -186f，并确认其位于宜居带内。宜居带是判断一颗行星表面是否存在液态水的关键，也是公认的能否孕育生命的主要判据。截止到 2018 年，开普勒空间望远镜已经发现并确认了 2600 多颗系外行星，还有近 3000 颗已经被发现但尚未被确认的系外行星候选体。在我们漫长的系外行星搜寻中，开普勒空间望远镜发挥了至关重要的作用：它让我们认识到了究竟还有多少行星可能存在生命。

基于开普勒空间望远镜发现的位于宜居带的系外类地行星的数量，科学家们推断宇宙中可能存在数十亿颗位于宜居带的系外行星，这些类地行星或许孕育着生命……换言之，至少是满足我们已知的有机物质存在的条件！

95

"好奇号"火星车
机器人宇宙探险家

公元 2012 年

▶ "好奇号"的自拍。

每一位空间科学家和天文学家都记得那个时刻，2012 年 8 月 6 日凌晨 5 时 17 分，重达 1 吨的 "好奇号" 火星车（更正式的名称是火星科学实验室，MSL）历尽艰险终于降落到火星表面。"好奇号" 不是第一辆抵达的火星车（之前曾有过 3 辆），但却是迄今为止最先进和最专业的。好奇号抵达火星表面时，承载着人类发现火星秘密的希望，这将从根本上改变我们对火星的看法——"好奇号" 不会让我们失望。

超过 300 万名观众在互联网上收看了加利福尼亚州喷气推进实验室的视频转播。险象环生的火星着陆过程也被称为 "恐怖的 7 分钟"，科学家们焦急地监视着火星车是否精确地按时完成一系列步骤。由于地球与火星间遥远的距离，地球上的我们在 14 分钟后才能知道着陆结果，这加剧了紧张的气氛。所幸一切着陆动作都按计划进行：降落段的着陆火箭点火，隔热板脱落，降落伞展开，降落段在大约 19 米的高度盘旋，然后 "好奇号" 火星车安全地降落到盖尔撞击坑中。

"好奇号" 火星车是一辆与 SUV 大小相同的铰接式移动分析站和巡视器，它也是自 1976 年 "海盗 1 号" 登陆火星后，近年来最强大的一台火星探测器。"好奇号" 能够以极高的分辨率拍摄火星地貌；钻探岩石并在化学分析站处理样品，以确定矿物和化合物种类；辐射和气体传感器可以测量环境水平，这对未来登陆的宇航员很重要；遥测系统将数据上传到火星轨道器，然后传输回地球。为了给所有仪器供电，"好奇号" 装备有一台功率为 110 瓦的放射性同位素热电机（RTG），由放射性钚衰变提供热源，设计寿命仅为 700 天。然

◀ 这是火星科学实验室巡视器——"好奇号" 火星车的遥感桅杆，图片展示了全部 17 台相机中的 7 台。

而，到 2018 年底，经过 2300 天的漫长工作，"好奇号"仍在探索中。"好奇号"在陨石坑底部行驶了近 19 千米，花了 4 年时间探索中部山脉的山麓——夏普山。但是，想超过"机遇号"从 2004 年起创下的 15 年寿命记录，"好奇号"还有很长的路要走（发射前科学家们预测，"机遇号"在 3 个月后就会停止工作[279]）。

"好奇号"最醒目的特征当属桅杆相机（Mastcam）了，这台相机安装在 1.9 米高的桅杆上，能够拍摄火星地貌的全景照片，也可以拍摄并存储 5000 张高分辨率彩色照片或长达数小时的高清视频，画质可与 200 万像素的智能手机摄像头相媲美。除了传回一系列火星地质构造和地貌的惊艳图片，"好奇号"还发现了一个古代河床的遗迹，那里的水曾经流淌了数千年。"好奇号"的辐射计告诉我们，火星表面的辐射水平比宇航员在国际空间站上经受的更低；化学分析站已经在火星上发现了硫、氮、磷等对生命至关重要的元素，还在盖尔陨石坑的黏土中发现了过去曾存在大量水体的证据。"好奇号"发现火星上的甲烷气体是季节性存在的，这种气体究竟是由有机过程还是无机来源产生的，仍然是未来火星车们亟待探索的一个诱人问题。

96

"曼加里安号" —— 火星轨道飞行器任务

印度勉强跻身"火星俱乐部"

公元 2013 年 11 月

2013 年 11 月 5 日，印度空间研究组织（ISRO）发射了火星轨道飞行器"曼加里安号"[280]。从表面上看，这样的项目没有什么了不起的。自 20 世纪 60 年代以来，已经有包括印度在内的至少 12 个国家发射了人造卫星。但是，这个在 2014 年 9 月 24 日成功抵达火星的探测器却有两点值得一提：首先，ISRO 成为第四个成功进行火星任务的国家机构，加入了由 NASA、ESA 和俄罗斯航天国家集团（RSA，含苏联的探测计划）组成的"火星俱乐部"；

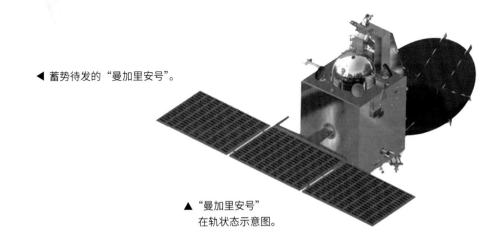

◀ 蓄势待发的"曼加里安号"。

▲ "曼加里安号"
在轨状态示意图。

其次，飞往火星的 48 个航天器中有 2/3 都失败了，这使得"曼加里安号"在技术上获得了不小的成就。

"曼加里安号"如此引人注目的第二个原因是其惊人的成本，探测器本身只花费了 2500 万美元，是成功抵达火星的同类飞船中最廉价的。节省费用的秘诀在于搭载很少的载荷（仅仅 5 个），加上模块化设计和借用"现成"的零件，这也是印度航天机构的一大特色。ISRO 没有对航天器进行严谨的测试，从项目开始、完成组装到准备起飞仅仅花了 15 个月的时间。印度公众听到"曼加里安号"成功发射和成功抵达火星之后的喜悦自不用说，这艘飞船的形象甚至被印刷在了 2000 卢比面额的纸币背面。"曼加里安号"进入火星轨道后的一张照片显示，许多女科学家和女工程师在印度任务控制中心穿着彩色莎丽庆祝成功，这被视为印度女性争取平等权利的重大事件。

注满燃料的"曼加里安号"重约 1400 千克，但其中的科学载荷仅有 15 千克。

探测器的 3 个太阳能电池板面积总计 22 平方米，能够产生 840 瓦的电力，多余的电能会被储存在一个 36 安时的锂离子电池系统中。探测器的天线高 2.2 米，通过印度深空地面站网络与地球遥测联系。

"曼加里安号"的科学目标是在大椭圆轨道上拍摄整个火星全球的全彩图像，这使之成为唯一能够定期提供全火星图像的火星轨道航天器。它简单的莱曼 α 光度计可以探测到行星大气中逸出的氢和氘气体，从而使科学家确定大气蒸发造成的水分损失。它还将与 NASA 更昂贵、更科学复杂的 MAVEN 航天器（耗资 6.71 亿美元）合作，长期研究火星大气。"曼加里安号"的热红外成像光谱仪将绘制火星表面温度和成分图，并将其数据与火星彩色照相机结合，获得火星表面的高分辨率矿物地图，并监测沙尘暴和其他气象事件。对于一个这么便宜的航天器来说，性价比还算不错。随着各国政府不断宣称要缩减太空计划的资金规模，"曼加里安号"可能会为充分利用现有资金的太空计划提供一个可行的模式。

▲ NASA 在太空中制作的第一个 3D
打印工具——一个棘轮扳手样品。

97

3D 打印的棘轮扳手
在宇宙中打印你所需要的物品

公元 2014 年

用专业术语来称呼 3D 打印技术就是"增材制造技术",因为这个过程是不断堆砌材料,而不是传统工艺中的削切材料。与其把一块金属放在机床上,通过不断削去材料加工出想要的形状,为何不通过一层一层地堆积材料加工成形呢？3D 打印技术诞生于 1981 年,起初用于制造塑料部件,从那以后制造成本大幅度下降。到 2018 年,几百美元就可以买到一个电脑驱动的 3D 打印系统,既能用于多种多样的全新商业用途,还可以供教育工作者和业余爱好者使用。

NASA 也对 3D 打印这种现场制造技术产生了浓厚的兴趣,从地球发射物品进入太空既费时又费力,3D 打印则完全没有这些困扰。宇航员只需上传一个适合打印的文件,然后让国际空间站打印机制作部件,就可以在空间站上自己制造替换部件和工具。为国际空间站提供替换部件使在轨 3D 打印进一步发展,不仅降

▲ SpaceX 是火箭发动机组件 3D 打印工艺的引领者，图中是该公司的默林发动机。

低了成本，而且还节省了空间站上宝贵的存储空间。

2014 年，NASA 在国际空间站上制造出了第一个 3D 打印工具——一个塑料棘轮扳手，证明在太空中确实可以进行 3D 打印。这台 3D 打印机由 NASA 承包商太空制造公司（Made in Space）的诺亚·保罗 - 金设计，该公司还负责打印机的生产和日常运行。这个扳手长 12.7 厘米、宽 3.8 厘米，设计和批准印刷耗时不到一个星期，但实际打印这个工件其实只花了 4 小时。这是一次划时代的打印工作，它预示着原来需要数月时间的空间站物资补给工作，如今只需要一次简单的打印就可以快捷地完成了，而且可以只打印那些你真正需要的替换部件。

到目前为止，非塑料航天零件的增材制造仍然处于起步阶段，但是其背后的推动力正在逐渐增长。2013 年，SpaceX 的超级天龙座发动机就是 3D 打印的（尽管是在地面上完成的），默林 1D 发动机的主氧化剂阀也是 3D 打印制造的。在航空工业方面，2017 年航空喷气 - 洛克达因公司（Aerojet Rocketdyne）为其 RL 10 火箭发动机打印了铜合金推力室。预计在接下来的 10 年里，越来越多的火箭引擎和航天器系统将采用 3D 打印的制造工艺。一些科学家甚至设想在月球和火星上打印殖民地住宅，摆脱对地球供应链的依赖，让远距离、长期的外太空殖民照进现实。

NASA 和 ESA 都在进行建筑物 3D 打印建造的地面测试。这个想法有点像一个移动的水泥厂：将当地的建材和黏合剂结合，然后在居民到达之前，根据数字蓝图打印出多层建筑。

98

激光干涉引力波天文台
寻找时空的涟漪

公元 2015 年

1915 年，阿尔伯特·爱因斯坦发表了他的广义相对论，该理论将引力描述为时空曲率的扭曲。他还意识到，由加速的物体质量带来的引力场变化会引起空间曲率的变化，这种空间曲率的变化会以光速向外传播，从而产生引力波，这对他的理论来说并不是什么大的飞跃。

但直到有人能够真正观测到引力波之前，他的理论仍然只是一个假说。20 世纪 60 年代，马里兰大学的约瑟夫·韦伯[281] 教授建造了第一个引力波探测器：若干个配备了超灵敏应变计的铝圆柱体，每个重量超过 1 吨。当适宜频率的引力波通过实验室时，它会使一个或多个圆柱体（或"棒"）发生形变，从而产生振动

◀ 美国路易斯安那州利文斯顿的 LIGO。

▲ 美国华盛顿州汉弗德的 LIGO。

并被应变计观测到。迄今为止，这种探测器还没有探测到任何一个引力波事件，但韦伯的工作让物理学界对寻找引力波产生了兴趣，催生了更加复杂、测量结果更精确的引力波探测器。

测量微小距离变化最灵敏的方法之一是使用干涉仪，这种仪器在 1887 年由美国物理学家阿尔伯特·迈克尔逊[282] 发明。在他的设备中，一束光射在一个被称为分束器的部分反射的镜片上，分束器将 50% 的光反射到第二面反射镜，这面反射镜与原始光束形成直角。与此同时，另外 50% 的光线通过第三面反射镜。然后，这两束光（或称"臂"）返回分束器，在分束器中，来自两种不同路径的光发生干涉，产生暗亮交替的条纹。在引力波干涉仪中，每条臂的长度会随着引力波的出现以特定的方式改变，这可以从条纹图案随时间的变化中看出。

1994 年，激光干涉引力波天文台（LIGO）在汉弗德基地开工建造。汉弗德基地是美国华盛顿州一个退役的核生产综合设施，在美国路易斯安那州利文斯顿有一个同样的系统（比较两个观测站的数据可消除站址所在地的噪声）。LIGO 将是世界上最大的激光干涉引力波天文台，每台干涉仪都由 2 个 4.2 千米长的混凝土管组成，用于向反射镜传导激光束。一个精密的光学系统可以测量出臂长的质子直径的百万分之一的微小长度变化，这相当于将地球到附近的半人马座 α 星的距离测定到 1 毫米的精度。在天文台开始运行后不久，也就是爱因斯坦做出预测的一个世纪之后的 2015 年，LIGO 首次探测到引力波事件。科学家们认为，这是由于 2 个大质量黑洞以 1/2 光速互相环绕、合并，并在这个过程中扭曲时空，释放引力波。

截至 2018 年底，我们已经探测到 11 次引力波事件，引力波源星表上的名字也越来越多。与此同时，对引力波在时间和空间上形状的仔细研究也获得了详细的引力波源模型。最简单的解释（也是与接收到的脉冲形状精确对应的解释）是，大多数的引力波事件是由于距离太阳 10 亿光年处的双黑洞系统正在合并。在爱因斯坦洞悉引力波百年以后，LIGO 已经证实了这个关于空间运作方式的不朽理论，并为我们提供了一种观测宇宙的全新方式。

99

特斯拉跑车
广告业进入了太空时代

公元 2018 年 2 月

"如果有机会将自己的跑车发射到太空，为什么还要用水泥做假的有效载荷呢？"埃隆·马斯克[283]的太空探索技术公司已经打破了曾经由政府主导的航天领域的种种桎梏。2010 年，龙号货运飞船成功发射、运行并回收，这在私营航天公司中尚属首次。迄今为止，SpaceX 最"声名狼藉"也是最具开创性的举动，或许是它的猎鹰重型运载火箭的首次测试——并不是针对火箭本身，而是针对它所搭载的东西。2017 年 12 月 1 日，马斯克在推特上写道："火箭的有效载荷将是我循环播放着《太空星尘》的午夜樱桃红色特斯拉跑车，目的地是火星轨道。如果升空时不爆炸，它将在太空深处待 10 亿年左右。"最终，马斯克的特斯拉跑车于 2018 年 2 月 6 日发射升空。

这辆跑车是人类航天史上的一个里程碑，因为它是私人太空旅行新时代的典型象征：一个企业家自己的汽车公司为其太空公司的火箭制造有效载荷。目前，NASA 的资金预算大约为 210 亿美元，已经远远低于 60 年代的峰值，还不到联邦预算的 0.5%，占比不到 1966 年最高水平的 1/8，而私人太空公司的数量（以及它们各自的预算）却在不断增长。很明显，人类探索太空的未来将越来越依赖于私营企业。这款跑车值得一提的地方在于，它将消费主义带入了太空。汽车是一种你可以轻易买到的商品，因此这次发射就像是在太空中播出的第一个广告——这是宇宙商业化的一个重要转折点。

而且最重要的一点是，一辆在太空中飞驰的跑车激发了我们的灵感，太空探索的下一个里程碑或将由此诞生。正如 1961 年美国总统约翰·肯尼迪的著名宣言——美国将在 10 年内把人类送上月球，这个大胆的承诺，启发了全美上下的想象力，并推动 NASA 向着这个目标一往无前。同理，一辆跑车穿越我们的太阳系的确很古怪，但它拓展了人类的可能性，告诉我们所想之处皆触手可及。正如马斯克后来的解释："我喜欢这样的想法：一辆突兀的汽车在太空中无休止地漂

流，也许在数百万年后会被外星人发现。"在这里，我要告诉马斯克：许多天文学家也很喜欢这个点子！2018年2月，亚利桑那大学的天文学家通报了这辆跑车最近一次的观测结果，当时它已经飞行了400万千米。当我写这篇文章的时候，这辆特斯拉跑车离我们已经有3亿多千米了。

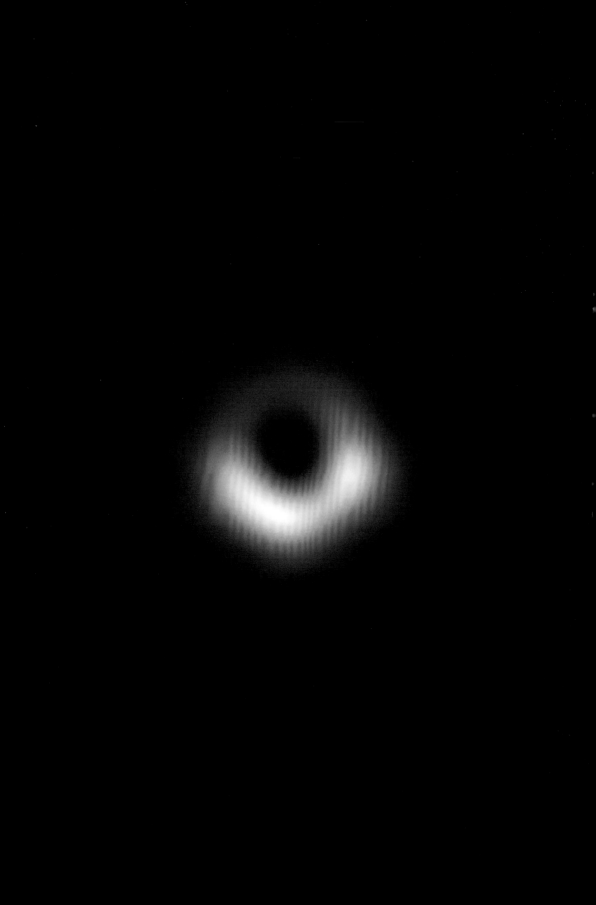

100

事件视界望远镜
初见黑洞

公元 2019 年

◀ M87 超大质量黑洞的合成图像，中心的黑点是黑洞本体在下落中的发光物质上的投影。这张图片拍摄到的实际尺寸与我们的整个太阳系类似，冥王星的位置正落在暗处的事件视界范围内。黑洞四周吸积盘中的物质正在沿顺时针方向以光速环绕黑洞。

1946 年，科学家首次使用成对的射电望远镜来合成高分辨率的图像，这就是射电干涉测量技术的起源。随着科技的进步，射电干涉测量领域的方方面面都发生了翻天覆地的变化。在数据存储部分，最早使用录像带记录每一对望远镜接收到的模拟信号，现在使用大容量计算机和高速硬盘记录为数字信号。将信号与其到达望远镜的时间关联起来是原子钟的职责，过去的几十年里，原子钟的稳定性不断提高。在计算机数据处理方面，目前的超级计算机每秒能执行数万万亿次计算，这是有效关联干涉阵中数百台望远镜无线电信号所必需的计算力。最后，无线电接收技术有了长足进步，能够以最低的噪声水平探测到频率越来越高的信号。2018 年，射电干涉测量领域的尖端技术汇聚在一起，一台名为事件视界望远镜（EHT）的大型射电干涉仪得以问世。EHT 最初是由 8 个位于西半球的射电望远镜组成的望远镜阵列，这些望远镜成对地凝视着天空的不同部分。这个"合成孔径"望远镜的工作波长为 1.3 毫米，分辨率为 20 微角秒。

EHT 的第一个目标是捕捉 M87 星系中心超大质量黑洞的事件视界附近等离子体的图像。这个黑洞大概有 70 亿个太阳质量，大到足以吞没我们的整个太阳系。为了实现这个目标，EHT 阵列中的每台望远镜每天会收集大约 350 TB 的数据。然后，一台特制的超级计算机将交叉比对 PB 级数据量的带有时标的信号，以同步不同望远镜拍摄到的同一个射电波前的数据，由此合成了一张长度达 400 亿千米的事件视界周围等离子体的图像。2019 年 4 月 10 日，科学家们在全球新闻发布会上发布了观测结果——人类有史以来获得的第一张真实的黑洞图像。未来，EHT 将继续跟踪黑洞内涌入的等离子体逐月的变化，然后将望远镜转向那些周围正在形成行星的遥远恒星。

▲ 目前的 EHT 是一个协同工作的望远镜阵列，能够像一台望远镜那样工作，其等效口径接近地球直径。

199

译者注释

1　水肺潜水装备是指潜水员自己携带水下呼吸系统所进行的潜水活动。

2　阿布里布兰查德是位于今法国新阿基坦大区多尔多涅省塞尔雅克镇梅勒城堡史前遗址的一个洞窟。

3　此处应该是指专家认为旧石器时代的居民已经有了"周"的理论概念。

4　黄道十度分度，又称为十分度、十度区间、旬星（更接近中国的说法）等。古埃及中王国时期（公元前 2000 至公元前 1640 年）开始将黄道按每十度为一份划分成 36 个区间，每个区间为一个星座，有自己的主星；大约 10 天为一个十度分，该分度的主星就会在太阳下山时升起，古埃及人通过观测主星来确定当前属于哪个分度。后来这一历法被赋予了相应的宗教意义和占星学解读。

5　这里指的是随季节的星空变化，具体是指每天的同一时刻，一颗恒星会提前四分钟升起。这种运动的直接体现就是四季星空的变换，对应地球公转产生的恒星周年视运动。

6　此处的"升起"指的是每天晚上的星空旋转的现象，在夜间可以看到星座每小时向西移动 15 度。这种运动的直观体现就是昼夜变换，对应由地球自转产生的恒星周日视运动。

7　全称为德国萨克森 - 安哈尔特州，哈雷 - 维滕贝格大学州立史前史博物馆。

8　二至点是指天球上黄道距天赤道最远的两点，即北至点和南至点。太阳在经过这两点时分别对应北半球的夏至和冬至，故在北半球分别称为夏至点和冬至点，合称"二至点"。

9　阿米萨杜卡，古巴比伦第一王朝第十任国王。

10　占星学将其译为《征兆结集》，该丛书是一套涉及古巴比伦占星术的文献，雕刻于泥板上，由 68 到 70 块泥板组成。

11　古巴比伦历法中的第十一个月，随后衍生为犹太历法的 11 月，有 30 天，对应现在公历一月至二月间。

12　亚述巴尼拔（Ashurbanipal），亚述帝国萨尔贡王朝第四任国王，他在位期间主持修建了亚述巴尼拔图书馆，也是目前已发掘的古迹中保存最完整的图书馆。

13　图特摩斯二世，古埃及第十八王朝法老。

14　哈特谢普苏特女王，或译为哈采普苏特、哈其素，古埃及第十八王朝法老，公元前 1479 到公元前 1458 年在位。

15　欧西里斯，赫里奥波里斯九柱神之一，古埃及神话中主宰生死和轮回转世以及植物、农业和丰饶之神。古埃及人将猎户座天区视为欧西里斯的故事，腰带为献给他的贡品，金字塔的指向便与此有关。

16　伊希斯，赫里奥波里斯九柱神之一，古埃及神话中掌管生命、魔法、婚姻和生育的女神，欧西里斯的妹妹和妻子。古埃及王室盛行兄妹通婚，故神话故事中也是如此。

17　荷鲁斯，赫里奥波里斯九柱神之一，古埃及神话中王权的象征和法老的守护神，同时也是复仇之神，欧西里斯和伊希斯的儿子。

18　贝努鸟，古埃及神话中一种不死神鸟，被认为是拉、阿图姆或欧西里斯三位神灵的灵魂转世。

19 阿努，鹰首人身神，有种说法认为古埃及人以此表示天鹅座天区。目前仅知道 Anu 是与星座联系紧密的神灵，具体意义和指代尚无定论。下述伊西斯－贾穆特也是如此。

20 谢特最早出现于埃及第二中王国时期的莱茵德纸莎草书的第 57 问中，是一个用来形容斜率的术语，即现代数学中仰角的余切呈正比。

21 赛内珍姆是生活于古埃及第十九王朝塞提一世与拉美西斯二世统治时期的工匠。他与妻子和家人的大型墓穴在 1886 年 1 月 31 日被考古学家发现，编号 TT1。

22 戴尔·梅迪纳，尼罗河西岸，底比斯对岸的古代城市。

23 阿蒙霍特普三世，古埃及第十八王朝法老，在位 38 年。第十八王朝在他统治期间达到全盛时期。其孙子就是著名的图坦卡蒙法老。

24 玛特，古埃及神话中的真理与正义之神，太阳神拉的女儿。

25 尼姆鲁德，亚述古城，其遗址有"亚述珍宝"之称，是伊拉克最著名的古迹之一，位列联合国教科文组织世界遗址候选名单。遗址位于底格里斯河畔，距离伊拉克第二大城市摩苏尔 20 千米。2015 年 4 月 11 日被极端组织"伊斯兰国"夷为平地。

26 浑仪，或称为环形球仪、浑天仪，这里用来指广义的以可动多圈结构来演示或测量天体系统的仪器或模型。源自拉丁语 Armilla。

27 古希腊的浑仪基于柏拉图和亚里士多德的学说，即以地球为中心，天空中会布满层层嵌套的天球。喜帕恰斯继承了这一学说，并定义了七个天球，每个天球上由内向外分布着日月、行星和最外层的恒星，并创造了本轮和均轮来调节天体运动速度使其符合观测结果。这一概念后来演变为托勒密的地心说。

28 喜帕恰斯（公元前 190—公元前 120），或译为伊巴谷，古希腊最伟大的天文学家和数学家。他首次以星等为单位来衡量恒星

亮度，这一体系沿用至今；他发现了岁差，创立了球面三角学，这些概念深刻影响了后来西方天文学的发展。

29 最接近作者说法的应该是中国古代由西汉天文学家落下闳（公元前 156—公元前 87）发明的浑仪。说张衡将其改进并制成了世界上第一台"浑天仪"是不准确的，现代学界确定"漏水转浑天仪"是由水流驱动的自动演示恒星和太阳周日运行的浑象仪。在中国古代天文学中，浑天仪是混天说的代表，也是浑仪和浑象的统称，唐代以后时常会被混用误用。两者区别在于，浑仪用于测量球面坐标，由代表各个天坐标基本圈的嵌套环组成，附有用来读数的瞄准的组件；浑象用来演示天象，通常是一个表面上标注星宿的完整的铜球。目前国内学界有说法认为中国先秦时期就有过石申和甘德的浑仪，但是因战乱失传。公认最早的浑仪便是落下闳根据先秦浑仪制成的。

30 现存最早的浑天仪则是南京紫金山天文台收藏的明代浑仪简仪。这一浑仪系明朝初年（正统三年，即 1438 年）模仿元代郭守敬浑仪简仪而制作。简仪是郭守敬对浑仪的简化改良版本。

31 安东尼奥·桑图奇，生年不详，卒于 1613 年。意大利天文学家，宇宙学家和科学仪器制造商。

32 尤斯图斯·范根特（1410—1470），文艺复兴早期的荷兰画家，意为"来自低地根特的尤斯图斯"。这幅托勒密画像为意大利乌尔比诺公爵命令其所创作的 28 幅先贤像中的一幅，有着浓郁的东方风格，现藏于卢浮宫。

33 窥管，又称照准仪，两者常混用。狭义的窥管是一个两端都可以观测的固定观测管，而在这之上加装测角器就成了广义的窥管，也就是照准仪。这里海伦所制造的应该是照准仪，但是欧几里得和盖米诺斯所提及的是窥管。中国天文学会天文学名词审定委员会和全国科学技术名词审

定委员会天文学名词审定委员会审定统称"Diopter"为照准仪。

34　欧几里得，古希腊数学家，提出五大公理并建立欧氏几何，被称为"几何之父"，所著《几何原本》是欧洲数学基础。

35　盖米诺斯，或杰米诺斯，古希腊天文学家，生卒不详，主要在罗得岛活动。著有《天文学引论》和《数学原理》。

36　海伦，古希腊数学家、力学家和机械学家，主要在亚历山大港活动。有许多测量学、力学和数学著作，在《量度论》中提出了著名的海伦公式。

37　《几何实践：通用测量》，伦纳德·迪格斯的著作。伦纳德·迪格斯（1515—1559），文艺复兴时期欧洲的科学家之一。本书是关于几何学和测量学的实用手册，曾在当时的欧洲产生了广泛影响。伦纳德·迪格斯的长子为托马斯·迪格斯，编辑出版了父亲的著作。

38　德瑞克·约翰·德索拉·普赖斯（1922—1983），英国物理学家、科学史学家、信息学家，曾在新加坡国立大学、史密森学会、普林斯顿高等研究院和耶鲁大学任职，被称为科学计量学之父。

39　2008 年 7 月，人们在机械中的一个青铜转盘上发现了一个词语"Olympia"和其他古希腊竞赛的名称，因此专家认为这是用来指示古代奥运会召开时间的。这一成果发布在《自然》杂志上。

40　阿拉托斯，古希腊最具名望的诗人之一，著有长诗《物象》，包含了古代希腊世界的天文学、气象学现象，因其辞藻华丽和神话故事而流行于当时的希腊。

41　欧多克索斯，古希腊数学家、理学家和天文学家，柏拉图的学生。数学上比例论和穷竭法的创始人，天文学方面建立了行星系统模型。所有著作均佚失。

42　《关于阿拉托斯和欧多克索斯物象的评论》，喜帕恰斯在本文中澄清了阿拉托斯的《物象》其实源自欧多克索斯早已佚散的同名散文，然后批判了两人诗中对星座

描述的错误。

43　克劳狄乌斯·托勒密（约 100—170），古希腊著名数学家、天文学家、地理学家、占星家。提出了著名的地心说，他的《天文学大成》《地理学指南》《占星四书》这三部著作对拜占庭、伊斯兰和欧洲的科学发展产生了重要影响。

44　阿特拉斯，希腊神话里的耐力、力量与宇宙之神。被宙斯降罪永远用双肩支撑起苍天。

45　目前有观点认为，最早的星盘是公元前 200 年喜帕恰斯发明的，但是没有历史记录和义物留存。

46　赛翁（335—405），或译为席恩。古希腊天文学家、数学家，主要活动在亚历山大港。他整理了欧几里得的《几何原本》，并对欧几里得和托勒密的文章进行了评论。

47　《占星四书》共四卷，古希腊天文学家托勒密的占星学著作。书中提出了改进占星术绘制星图的方法，并在其中融入了亚里士多德的自然哲学。

48　莫高窟现存洞窟共 735 座，历史上鼎盛时期达到千余座。这里作者指的应该是 492 座保存有绘画和彩塑的洞窟。

49　马尔克·奥莱尔·斯坦因（1862—1943），世界著名考古学家、艺术史学家、语言学家、地理学家。开创了世界上敦煌 – 吐鲁番学研究的先河。

50　李约瑟（1900—1995），英国生物化学家，科学技术史专家，中国科学院外籍院士。他提出了著名的"李约瑟难题"，所著《中国的科学与文明》对现代中西方文化交流影响巨大。

51　或翻译为《中国科学技术史》，1990 年科学出版社出版。

52　现认为敦煌星图绘制于唐中宗时期（公元705 至 710 年）。

53　巫咸，中国古代传说中唐尧时期的人物，传说中的巫医。人物是否存在尚无定论，学术界认为巫咸星表实际上是晋太史令陈卓将自己的星表托古所得。

54　甘德，战国时期齐国人；石申，战国时期魏国人。二人均为战国时期著名天文学家和占星学家，代表了先秦时期我国天文学发展的最高成就。西汉后将石申的《天文》八卷与甘德的《星占》八卷合称《甘石星经》，是世界上最早的天文观测记录。

55　Al-jabr 是《代数学》中的一种一元二次方程解法。

56　阿尔·花拉子密（780—850，或译为花拉子米，花剌子模）著名波斯 - 塔吉克数学家、天文学家和地理学家，代数与算术的总结与推广者，被誉为伊斯兰世界最伟大的科学家。现代数学中的"代数"和"算法"两词即来源于他的《代数学》和《花拉子密算术》。

57　勒内·笛卡尔（1596—1650），法国哲学家、数学家、物理学家。他奠定了解析几何和近代唯物论基础，是"理性主义"先驱，也是西方近代哲学思想奠基人之一。

58　旧世界（Old World）意为"东半球"（尤指欧洲和近东）；反之，新世界（New World）则指的是"西半球"，即美洲。

59　奇琴伊察，古玛雅城邦遗址，位于墨西哥尤卡坦半岛中东部，1988 年被列为世界文化遗产。

60　库库尔坎，玛雅语中的羽蛇神，是中美洲地区古文明普遍信奉的神灵，主宰晨星、书籍、历法、死亡和重生。

61　阿纳萨齐人，北美古代原住民部落，主要分布在美国西部，13 世纪之后消亡。

62　主日字母，天主教中称星期天为主日。该系统用 A、B、C、D、E、F、G 从 1 月 1 日起开始循环标记日期，所有星期天对应的字母便是全年的主日字母。主日字母可以用来确定复活节等宗教节日的日期。

63　巫轮，巫医之轮，北美印第安人所制作的一类信物，占卜用。具体形式有很多，如石堆和绳编。

64　昂西塞姆，位于法国阿尔萨斯地区。

65　尼古拉·哥白尼（1473—1543），文艺复兴时期波兰著名数学家、天文学家，日心

说的提出者，这一学说直接引发了 17 世纪科学革命。

66　约翰内斯·开普勒（1571—1630），德国天文学家、数学家，17 世纪科学革命的主要推动者。他提出了开普勒三定律，创造了"天体物理学"这个词汇，与占星学区分。

67　伊拉斯谟·莱茵霍尔（1511—1553），德国天文学家、数学家、教育家。

68　欧文·金格里奇（1930 年至今），哈佛大学天文和科学史荣誉教授，史密森学会高级天文学家。

69　《古登堡圣经》，欧洲第一本使用活字印刷术印制的书籍，由约翰尼斯·古登堡在1454 年制作。

70　《新天文学仪器》是第谷介绍自己仪器的一本书，书名本意为"重建天文学的仪器"。

71　第谷·布拉赫（1546—1601），丹麦贵族、天文学家、占星术士和炼金术士。月球正面最醒目的环形山就以他的名字命名。

72　汶岛，位于哥本哈根以东的厄勒海峡中央，现在属于瑞典管辖。

73　皮埃尔·伽桑狄（1592—1655），法国科学家、数学家、哲学家、传教士、天文学家。他于 1631 年观测到了水星凌日并出版了同名书籍。

74　杰雷米亚·霍罗克斯（1618—1641），英国天文学家。他发现了开普勒星表的误差，并在 1639 年通过金星凌日测量了金星的大小和地球距离太阳的距离。

75　约翰内斯·赫维留（1611—1687），波兰著名天文学家。他曾经建造了焦距 45 米的巨型航空望远镜。他的主要著作是《天文学绪论》，本书中收录了 1564 颗恒星和73 个星座，其中第三章称为"全天星图"，是现代西方星座系统的基础。

76　约翰·弗兰斯蒂德（1646—1719），英国天文学家，首任皇家天文学家。他出版了包含 3000 余颗恒星的《不列颠星表》，此外准确预报了 1666 年和 1668 年的日食，还是天王星最早观测记录的保持者。

77　汉斯·李普希（1570—1619），荷兰眼镜

制造商，最早申请望远镜专利的人，但是否为发明人仍然存疑。

78 托马斯·哈里奥特（1560—1621），英国数学家、天文学家，英国代数学学派奠基人，现代数学中的幂和大小于符号就源自他的著作《使用分析学》。

79 伽利略·伽利雷（1564—1642），意大利物理学家、数学家、天文学家和哲学家，17世纪科学革命的重要人物。其成就颇多，包括改进望远镜和圆规，开创实验科学研究方式，发现惯性原理，建立了伽利略变换，发现金星的相位和木星的四个卫星，等等。他被誉为"现代观测天文学之父""现代物理学之父""现代科学之父"等。

80 美国国家航空咨询委员会（NACA）是NASA的前身，1915年成立，1958年解散重组为NASA。

81 约翰·纳皮尔（1550—1617），苏格兰数学家、物理学家和天文学家，他建立了对数的数学概念。

82 埃德蒙·冈特（1581—1626），英国牧师、数学家、几何学家和天文学家，发明了冈特链和早期计算尺等实用测量仪器。

83 威廉·奥特雷德（1574—1660），英国牧师、数学家。他是计算尺的发明人，并首先使用"×"来表示乘法，用"cos"和"cot"表示余弦和余切。

84 巴兹·奥尔德林（1930年至今），美国飞行员、宇航员，"阿波罗11号"机组成员，第二位登上月球的人类。

85 这里的双星是指广义的从地球上观察时在视线方向上十分接近的多恒星系统。这些恒星之间有的有物理联系，有的只是恰好看起来对齐在一起，还有一些需要用特殊手段才能观测到。数目不一定只有两颗，例如，下文所述的南门二就是一个三星系统。

86 约翰·米歇尔（1724—1793），英国牧师、自然哲学家，地震学和地磁学研究先驱，他还预言了黑洞的存在。

87 克里斯蒂安·迈尔（1719—1783），捷克-德国牧师、天文学家，双星研究的先驱。

88 事实上，约翰·米歇尔当时提出的只是一种假设，直到威廉·赫歇尔之前没有人能够证明这种假设是正确的，克里斯蒂安·迈尔的双星表也没有区分目视双星和物理双星。因此这里作者所说"测量质量比"指的是赫歇尔之后。

89 威廉·加斯科因（1612—1644），英国天文学家、数学家和仪器制造师，目镜测微计和导星镜的发明人。

90 弗雷德里希·威廉·赫歇尔（1738—1822），德裔英国天文学家、音乐家，天王星的发现者，被誉为"恒星天文学之父"。他开创了物理双星、银河系结构和河外天体的研究。

91 菲利克斯·萨瓦里（1797—1841），法国天文学家，首个计算物理双星轨道参数的人。

92 下台二（大熊座 ξ）是位于大熊座的一个恒星系统，由两颗G0型主序星组成，平均视星等4.41等，轨道周期59.84年。1780年5月2日，威廉·赫歇尔发现它是一个物理双星，后来菲利克斯·萨瓦里测量出了它的轨道参数。下台二是第一个被发现并被测量出轨道参数的物理双星系统。

93 此处指美国海军天文台编写和维护的《华盛顿双星目录》，截至2017年已收录141743颗双星。真正已知轨道参数的物理双星仅有几千颗。

94 苏颂（1020—1101），字子容，福建泉州同安县人（今厦门市同安区），北宋杰出的博物学家，在数学、政治、外交、天文、地图学、钟表、药理、矿物、地质、动植物、机械、建筑、古董、诗赋方面都颇有成就。天文方面，他在开封复原并改进了水运仪象台，这是11世纪全球最先进的天文仪器。

95 罗伯特·胡克（1635—1703），英国博物学家、发明家。物理学领域他提出了著名的胡克定律，技术方面发明了真空泵、万向接头，改进了显微镜和放大镜。

96 乔凡尼·卡西尼（1625—1712），意大利裔法籍天文学家，第一个发现木星大红斑和土星四颗主要卫星的人，除此之外还首先开展了土星环、木星较差自转和黄道光的研究。

97 航空望远镜是一种在 17 世纪后期由物理学家惠更斯及其兄弟设计制造的望远镜，特点是焦距非常长且没有镜筒，物镜吊在空中，然后观测者手持目镜站在地上观测，后来被牛顿反射望远镜取代。

98 约瑟夫·冯·夫琅和费（1787—1826），德国物理学家。他发明了分光仪，在太阳谱线中发现了 574 条吸收线，后世称为夫琅和费线。

99 多尔帕特是爱沙尼亚东南部城市塔尔图的德语名称。

100 GPS 是全球卫星定位系统的简称。

101 奥勒·罗默（1644—1710），丹麦天文学家。他通过观测木星卫星掩食首次测量出了光速。

102 WWV 是美国国家标准与技术研究院的时间和频率短波广播电台的无线电呼号。

103 杰罗姆·拉朗德（1732—1807），法国天文学家。他首次完成了地月距离测量，并参与了天王星的命名。

104 《波恩星表》，普鲁士天文学家弗里德里希·阿格兰德（1799—1875）在波恩天文台出版的四卷本星表，1862 年出版，包含了 324189 颗恒星。

105 乔治·阿穆尔·多尔西（1868—1931），美国原住民和民族学家，曾任芝加哥自然历史博物馆馆长。

106 詹姆斯·穆里（1862—1921），美国人类学家，专注于波尼族研究。

107 圣物包，北美原住民制作的一种对个人或部落信仰有特殊意义的纪念物，通常是一些遗物并被兽皮包裹而成。

108 《哈珀周刊》，1875 至 1916 年间在美国纽约市发行的一本政治性杂志，主要关注美国内外的新闻逸事、小说笑话和万物介绍，并配有绘制的插画。

109 公元 1743 年，英国船长约翰·瑟森发明了一个"旋转窥镜"，他在望远镜上安装

了一个旋转的陀螺以在恶劣的海况下维持稳向，这被公认为世界上第一个陀螺仪。

110 罗伯特·戈达德（1882—1945），美国物理学家、发明家，现代火箭技术奠基人，液体火箭、矢量推进和陀螺仪的发明者。本书作者工作的 NASA 戈达德太空飞行中心就是以他的名字命名，也是 NASA 最主要的研究机构。

111 沃纳·冯·布劳恩（1912—1977），德国和美国的火箭专家，20 世纪航天先驱之一，德国著名 V-2 火箭设计师。二战后冯·布劳恩主持设计并建造了阿波罗计划使用的"土星 5 号"火箭。

112 尤里·加加林（1934—1968），苏联飞行员、宇航员，世界首位进入太空的宇航员。

113 此处是作者的笔误，加加林乘坐的"东方一号"飞船由 R-7 弹道导弹改造的东方 -k 火箭发射升空，而谢波德乘坐的"自由 7 号"则由 PGM-11 弹道导弹改造的"水星·红石 3 号"火箭发射。

114 艾伦·谢波德（1923—1998），美国飞行员、航天员，第一位进入太空的美国航天员。

115 莱顿瓶，1745 年由莱顿大学教授穆欣布洛克发明。莱顿瓶主体是一个玻璃瓶，内外包裹着金属箔作为电极，瓶中装有一个球型电极，外部金属箔接地。使用时常用起电机或者电盘充电，也就是后文所说的旋转机械。

116 本杰明·富兰克林（1706—1790），美国博物学家、开国元勋之一。在政治、外交、物理学、技术发明、出版、媒体、印刷等领域均有杰出成就。科学方面以电学、气象学、海洋学、人口学、热力学研究闻名，此外还发明了避雷针、双焦距眼镜和富兰克林壁炉。

117 亚历山德罗·伏特（1745—1827）或译为亚历山德罗·伏打，意大利物理学家，因为发明电池闻名，随后被册封为伯爵。

118 汉弗莱·戴维（1778—1829），英国化学家，是发现化学元素最多的人，因此被誉为"无机化学之父"，同时他也是灯泡

的发明者。

119 莱特兄弟，即奥威尔·莱特（1871—1948）和威尔伯·莱特（1867—1912），美国航空先驱，现代飞机的发明者。他们建造并驾驶"飞行者一号"完成了人类首次受控动力飞行。

120 孟格菲兄弟，即约瑟夫·米歇尔·孟格菲（1740—1810）和雅克·艾蒂安·孟格菲（1745—1799），法国造纸商，载人热气球的发明者。

121 让·弗朗索瓦·皮拉雷特·德·罗齐埃（1754—1785），法国化学和物理教师，法国飞行先驱。1785年试图飞越英吉利海峡时死于热气球事故。

122 弗朗索瓦·洛朗·勒维尤·德·阿朗德（1742—1809），法国贵族，法国皇家卫队步兵军官，法国飞行先驱。

123 雅克·亚历山大·塞萨尔·查尔斯（1746—1823），法国发明家、科学家，法国科学院院士。他和罗伯特兄弟发明了世界上第一个载人氢气球。

124 罗伯特兄弟，即阿内·让·罗伯特（1758—1820）和尼古拉·路易斯·罗伯特（1760—1820），法国工程师。他们为查尔斯建造了世界上第一个载人氢气球，同时也是气球驾驶员。

125 维克多·赫斯（1883—1964），奥地利裔美籍物理学家，因研究宇宙线获得1936年诺贝尔物理学奖。

126 罗伯特·密立根（1868—1953），美国物理学家，1922年爱迪生奖和1923年诺贝尔物理学奖得主。主要贡献有用油滴实验测定了基本电荷的电荷量，验证了爱因斯坦的光电效应，测定了普朗克常数和宇宙射线研究。

127 卡罗琳·赫歇尔（1750—1848），德裔英国天文学家，威廉·赫歇尔的妹妹，著名女天文学家。卡罗琳曾发现了三个星云和八颗彗星，为GC和不列颠星表的补全工作做出了巨大贡献。

128 约翰·赫歇尔（1792—1871），英国天文学家、数学家、化学家、摄影家，威廉·赫歇尔的儿子。约翰首创以儒略日纪年法记录观察数据，发现并命名了土星的七颗卫星和天王星的四颗卫星。他还发明了定影剂、蓝晒摄影，创造了英语中 photography（摄影）、negative（负片）、positive（正片）等术语，为日后摄影术和天文摄影学奠定了基础。

129 乔治三世（1738—1820），英国汉诺威王朝第三任君主。他在位期间发生了第一次工业革命和美国独立战争。

130 40英尺望远镜，或称大40英尺望远镜，位于英格兰伯克郡斯劳镇，英国皇家天文学会会徽主体就是这台望远镜。

131 威廉·帕森斯（1800—1867），第三代罗斯伯爵，爱尔兰天文学家，在螺旋星系的发现和观测方面有开拓性贡献，并且命名了风车星系、蟹状星云等深空天体。

132 帕森斯镇的利维坦，或称利维坦望远镜，20世纪前世界上最大的望远镜，位于爱尔兰伦斯特省奥法利郡比尔镇的比尔城堡。

133 艾萨克·牛顿（1642—1727），英格兰杰出的物理学家、数学家、天文学家、自然哲学家、经济学家和炼金术士。被誉为"百科全书式"的全才，科学革命的主要推动者和"物理学之父"。物理方面，牛顿在《自然哲学的数学原理》中提出的三定律和万有引力定律为经典力学和工程学奠定了基础，也让日心说成为了颠扑不破的真理；除此之外，他在流体力学、光学、热力学、声学贡献卓著。数学方面，他和莱布尼茨同时发明了微积分、广义二项式定理、迭代法等。他还发明了牛顿反射式望远镜，并一直沿用至今。

134 古斯塔夫·基尔霍夫（1824—1887），德国物理学家。在光学中有两个，电磁学、热力学和化学中各有一个以他名字命名的基本原理。他提出了"黑体"的概念，还和本生创立了元素光谱分析法，在动力学和流体力学中也有一定贡献。

135 罗伯特·威廉·本生（1811—1899），德国化学家，光化学领域先驱，和基尔霍夫一同发现了元素铷和铯。化学实验中常用的高温加热仪器本生灯就以他的名字命名。

136 路易·雅克·曼德·达盖尔（1787—1851），法国发明家、艺术家和化学家，摄影术的发明人，也是名字被刻在埃菲尔铁塔上的72位法国著名人士之一。

137 弗朗索瓦·阿拉戈（1786—1853），法国物理学家、数学家、天文学家和政治家，菲涅尔－阿拉戈定律的提出者，曾任法国第25任总理。

138 约翰·威廉·德雷珀（1811—1882），英裔美国科学家、哲学家、医生、化学家、历史学家和摄影师，美国化学学会的第一任主席以及纽约大学医学院的创始人。他因在1840年拍摄了第一张女性面孔和月球表面的清晰照片而备受赞誉。

139 莱昂·傅科（1819—1868），法国物理学家，主要贡献有发明了显示地球自转的傅科摆，测量光速和发现涡电流。

140 希波吕特·斐索（1819—1896），法国物理学家，在摄影术和电磁学方面与傅科合作有所贡献。

141 吉安·亚历山德罗·马约基（1795—1854），意大利物理学家。

142 皮埃尔·儒勒·塞萨尔·让森（1824—1907），法国天文学家，氦元素的发现者。

143 亚历山大·贝克勒尔（1820—1891），法国物理学家，光生伏打效应的发现者，以荧光和磷光研究著名。

144 光伏效应，光生伏打效应的缩写，指受光线或其他电磁辐射照射的半导体或半导体与金属组合的部位间产生电压与电流的现象，是一类内光电效应，也是太阳能发电的基本原理。

145 查尔斯·弗里茨（1850—1903），美国发明家，硒光伏电池的发明者。

146 罗素·奥尔（1898—1987），美国半导体工程师，以申请现代太阳能电池专利而闻名。

147 汉斯·齐格勒（1911—1999），美国航天工程师，现代通信卫星和星载光伏电池的先驱。

148 利维坦，《希伯来圣经》中一种怪物的旧汉语翻译，现代中文译本《圣经》中翻译为"海怪"，七宗罪中代表"嫉妒"恶魔，形象源自鲸、鳄鱼和沧龙。现代广泛指神秘的、巨大的怪物，这里帕森斯引用来指自己望远镜十分巨大。

149 伊曼努尔·康德（1724—1804），德国启蒙运动时代哲学家，德国古典哲学创始人，唯心主义学派重要哲学家，西方最具影响力的思想家之一。

150 镜用合金，旧称镜齐，这里主要是指一种由2/3的铜和1/3的锌组成的合金，有时还掺有砷、银、铅等其他元素。这种合金的配方可以追溯到两千多年前中国古代的黄铜，其主要特征是抛光后的反射率高于青铜。当时的金属望远镜也会由其他贵金属制成，所以只有富人才能负担得起建造费用。

151 爱尔兰大饥荒，又称为马铃薯饥荒，是1845至1852年间发生于爱尔兰由马铃薯晚疫病引起的严重饥荒，导致近100万人死于饥饿，100万人逃离，使爱尔兰总人口下降了25%。

152 此处的M是梅西叶星表的缩写表示，M51即梅西叶51号。

153 卡尔·冯·斯坦因海尔（1801—1870），德国物理学家、发明家、天文学家和工程师。

154 安德鲁·康芒（1841—1903），英国业余天文学家，以其在天文摄影方面的开创性工作而闻名。

155 威廉·克鲁克斯（1832—1919），英国物理学家和化学家，铊元素的发现者和命名者，真空管研究的先驱和辐射计的发明者。

156 马耳他十字，由四个顶点相接处的V形箭头构成，是医院骑士团和马耳他骑士团在第一次十字军东征期间使用的徽章。

157　约瑟夫·约翰·汤姆森（1856—1940），英国物理学家，电子的发现者，因其在气体导电方面的工作被授予1906年的诺贝尔物理学奖。汤姆森的学生中共有9位诺贝尔奖得主，他的儿子乔治·汤姆森也是诺贝尔物理学奖得主。

158　弗朗西斯·阿斯顿（1877—1945），英国化学家和物理学家，质谱仪的发明者和非放射性元素同位素的发现者，也因此得到了诺贝尔化学奖。

159　意为"金属氖"。

160　古格列尔莫·马可尼（1874—1937），意大利电气工程师，无线电报设备的发明者，1909年诺贝尔物理学奖得主。

161　李·德·福里斯特（1873—1961），美国发明家，真空三极管的发明者，一生中获得了300多项专利，被誉为"电子学之父"。

162　埃德温·阿姆斯特朗（1890—1954），美国无线电工程师，电子管研究先驱，调频广播和再生式电炉的发明者。

163　恩斯特·斯图林格（1913—2008），德裔美籍科学家，主要研究原子能、电气和火箭科学领域，离子推进器的发明者。

164　日本宇宙航空研究开发机构的简称。

165　欧洲空间局的简称。

166　约翰·达格特·胡克（1838—1911），美国钢铁商，业余天文学家和慈善家，胡克望远镜的资助人。

167　安德鲁·卡耐基（1835—1919），美国钢铁大王，著名慈善家，卡耐基梅隆大学创始人、卡耐基基金会创始人。

168　乔治·海尔（1868—1938），美国天文学家，海尔望远镜的设计者，叶凯仕天文台、威尔逊山天文台和帕洛玛山天文台的筹建者与台长。Astrophysics（天体物理）一词就是海尔创造的，他也是天文界顶级期刊之一的《天体物理学报》的创刊编辑。威尔逊山天文台和帕洛玛天文台后来合并为海尔天文台，以纪念海尔为

169　米尔顿·赫马森（1891—1972），美国天文学家，威尔逊山天文台观测助手。

170　作者在这里比较发动机推力指标时，默林1D和J-2X采用的是真空推力，BE-4采用的是海平面推力。这两个指标都是衡量发动机性能的重要指标，一般而言，真空推力大于海平面推力。

171　阿尔伯特·爱因斯坦（1879—1955），犹太裔美国物理学家，20世纪最伟大的科学家，"现代物理学之父"。爱因斯坦提出了现代物理学两大支柱之一的相对论和质能方程，因发现光电效应原理获得1921年诺贝尔物理学奖。

172　此处指的是显微镜所采用光源波长越短，理论极限分辨率越高，即阿贝定律。举例来说，如果采用可见紫光，分辨率为200纳米，但如果采用俄歇电子束，可以达到0.5纳米。

173　罗伯特·范德格拉夫（1901—1967），荷兰裔美籍物理学家，范德格拉夫起电机的发明者。

174　今巴黎天文台下属的太阳天文台。

175　伯纳德·李奥（1897—1952），法国天文学家，日冕仪发明者。

176　如今多用星冕仪，其结构设计和日冕仪有较大差距，但基本原理是相似的。

177　欧洲南方天文台，简称ESO，是欧洲的一个跨国天文研究机构。

178　甚大望远镜，简称VLT，由4台口径8.2米的望远镜组成，等效口径16米，位于智利帕纳瑞天文台。4台望远镜可以单独成像，也可以组成光学干涉仪。VLT也是科研成果最高产的地基光学望远镜。

179　高对比度偏振光谱系外行星搜寻仪，简称SPHERE。该仪器是VLT的极高分辨率自适应光学和星冕仪成像系统。它的主要科学目标是在光学和近红外波段对系外行星系统进行直接成像，低分辨率光谱和偏振分析。

180　这类系外行星被称为热木星。

181 约翰内斯·沃尔辛（1856—1943），德国天文学家，月球上有环形山以他的名字命名。

182 朱利叶斯·谢纳（1858—1913），德国天文学家，天文摄影用高速感光乳胶的发明者。

183 卡尔·央斯基（1905—1950），捷克裔美籍天文学家，无线电工程师，射电天文学的先驱。为纪念他所做的开创性工作，1973年国际天文学联合会决议将天体射电流量密度单位称为"央斯基（Jy）"，纳入国际物理单位系统。

184 人马座A（SgrA），银河系中心的强烈射电源，有三个部分组成，其中人马座A*是银河系中心的超大质量黑洞。

185 格罗特·雷伯（1911—2002），美国无线电工程师，射电天文学先驱。他完成了首次无线电巡天。

186 由冯·卡门提出，即维持飞机升力所需的速度大于这一高度轨道速度的阈值。

187 冲击器这个名称源自火箭构型，在V-2的鼻锥上安装了一枚WACcorporal探空火箭，分离时V-2将后者"撞出去"，故由此得名。

188 约翰·弗莱明（1864—1945），英国物理学家、电气工程师，真空二极管的发明者。

189 电子管是一种半导体技术普及前的早期电子放大元件，因为通常采用真空玻璃管的封装模式又称为真空管，内部则可以是二极管、三极管等多极管。

190 约翰·阿塔纳索夫（1903—1995），美国物理学家、计算机科学家。

191 克利福德·贝瑞（1918—1963），美国计算机科学家，阿塔纳索夫的研究生。

192 汤米·弗劳尔斯（1905—1998），英国工程师，巨像计算机的设计者之一。

193 当时英国政府密码学校所在地，现在是英国国家计算机博物馆。

194 托尼·赛尔（1931—2011），英国电气工程师、计算机工程师、计算机史学家。

195 这里作者的意思是，正是计算机技术推动了现代宇宙学的发展。因为在宇宙量级的模拟计算中，精度是衡量研究好坏的决定性因素。没有高性能计算机，就没有精度，所能考虑的条件也就越少。而计算机的发展水平决定了科学家能够做多大规模的仿真，甚至目前的超级计算机也无法满足某些宏大的设想。

196 马丁·赖尔（1918—1984），英国射电天文学家，射电合成孔径技术的发明者之一，穆拉德射电天文台创始人。1974年他和安东尼·休伊什一起因射电干涉仪和发现脉冲星获得了诺贝尔物理学奖。

197 德雷克·冯伯格（1921—2015），英国射电天文学家、电气工程师和医疗设备专家。

198 太空运输系统，简称STS。轨道器指的是"飞机"部分，俗称航天飞机。

199 约翰·巴丁（1908—1991），美国物理学家，因发明晶体管和BCS理论两度获得诺贝尔物理学奖。

200 沃尔特·布拉顿（1902—1987），美国物理学家，晶体管发明者之一。

201 威廉·肖克利（1910—1989），美国物理学家、发明家，晶体管的发明者之一，美国电子产业和硅谷的奠基人。

202 TRADIC，即晶体管数字计算机的简称。

203 吉恩·霍华德·费尔克（1919—1994），美国计算机工程师，贝尔实验室成员。

204 沃纳·雅各比（1904—1985），德国物理学家、西门子工程师。

205 金·赫尔尼（1924—1997），瑞士裔美籍电子工程师，硅晶体管和平面工艺半导体制造技术的先驱，是离开肖克利半导体实验室创办飞兆半导体公司的"八叛逆"之一。

206 沃伦·马里森（1895—1980），加拿大裔美国发明家。

207 约翰尼斯·哈特曼（1865—1936），德国物理学家、天文学家。

208 亨德里克·范德胡斯特（1918—2000），荷兰天文学家、数学家，中性氢21厘米谱线研究的奠基人。

209 哈罗德·埃文（1922—2015），美国物理学家、天文学家。

210 爱德华·珀塞尔（1912—1997），美国物理学家、三任总统科学顾问，核磁共振的发现者，于1952年获得诺贝尔物理学奖。

211 扬·奥尔特（1900—1992），荷兰天文学家，在银河系结构动力学以及射电天文学方面有突出贡献，奥尔特云的提出者。

212 汉斯·沃尔特（1911—1978），德国物理学家，X光学掠射成像技术发明者。

213 罗伯特·博伊德（1922—2004），英国物理学家、英国空间科学先驱，穆拉德空间科学实验资助者。

214 亚瑟·斯坦利·爱丁顿（1882—1944），英国天体物理学家、数学家，广义相对论的证明者，恒星内部理论的创立者。

215 汉斯·贝特（1906—2005），美国犹太裔核物理学家，洛斯阿拉莫斯国家实验室理论负责人，1967年诺贝尔物理学奖得主。他在天体物理学、量子电动力学和固体物理学领域有很重要的贡献，费恩曼也是他的学生。

216 肯·乔丹（1929—2008），美国核物理学家。

217 约翰·博尔顿（1918—2011），美国核物理学家。

218 RORSAT，即雷达海洋侦察卫星的缩写。

219 望月行动，即人造卫星监视行动，是一项由史密森天文台于1956年发起的业余天文观测研究，旨在发动公众帮助专业天文学家在全美范围内持续监测苏联首颗人造卫星。望月行动是当年国际地理年的一部分，也是当年全世界最大的单一科学项目。

220 德怀特·大卫·艾森豪威尔（1890—1969），美国五星上将，第34任美国总统，二战时期欧洲盟军最高司令，北约首任最高司令。

221 截至2020年，太空中现存的航天器数量达到5500以上，并且几乎每周都在变化。

222 宾·克罗斯比（1903—1977），美国著名歌手、演员，世界上首位多媒体艺术家，

被誉为20世纪最重要和最具影响力的人物之一。

223 亚历山大·格雷厄姆·贝尔（1874—1922），加拿大企业家，电话机的发明人，贝尔电话公司创始人，贝尔实验室以他的名字命名。

224 奇切斯特·亚历山大·贝尔（1848—1924），美国化学家、贝尔的堂兄，主要贡献是改进了留声机。

225 查尔斯·萨姆·坦特（1854—1940），美国工程师、发明家，录音机和光电电话的主要发明者之一。

226 瓦尔德马尔·波尔森（1869—1942），丹麦工程师，对早期无线电技术做出了重大贡献，磁力线录音机的发明者。

227 TIROS，即电视摄影及红外观测卫星，是人类首颗气象卫星。

228 西奥多·梅曼（1927—2007），美国物理学家，世界上第一台激光器的发明者。

229 鲜虾鸡尾酒，一种类似沙拉的开胃菜，冰冻过的鸡尾酒杯装入酱料，然后在杯沿挂上冷虾。

230 龙虾纽堡，一种美式海鲜菜肴，由龙虾、黄油、奶油、白兰地、雪利酒、鸡蛋和辣椒制成。

231 在英语中，意式咖啡是espresso，这里是用国际空间站（ISS）代替es的谐音梗。

232 牛肉锅烤肉，即将牛肉放在铸铁炖锅里，用135至175摄氏度的中温烤出，佐以肉汁、胡萝卜、土豆和西芹，是寒冷季节的主菜。

233 约翰·格伦（1921—2016），美国飞行员、宇航员和民主党籍参议员，曾创下进入太空的宇航员中最大年龄纪录。

234 瓦莲京娜·捷列什科娃（1937年至今），苏联/俄罗斯宇航员，空军少将，苏联英雄和世界首位女性宇航员。

235 萨莉·莱德（1951—2012），美国物理学家、宇航员，第三位进入太空的女性宇航员。

236 电传，指电传打字机，是传真机之前的

通信技术，类似于电报。

237 约翰·肯尼迪（1917—1963），第35任美国总统，太空竞赛和阿波罗计划的主要推动者，1963年总统任期内遇刺身亡。为纪念肯尼迪对于美国的贡献，纽约肯尼迪机场、肯尼迪航天中心等地都以他的名字命名。

238 卡尔曼·帝豪尼（1897—1947），匈牙利物理学家、电气工程师和发明家，电子电视早期的开拓者。

239 法厄同区，人为划分的火星区域之一。美国地质调查局太空地质学研究计划将火星表面划分为30个区域，法厄同区编号MC-24，覆盖火星西经120°至180°、南纬30°至65°的区域，曾有苏联探测器在此着陆过。

240 爱德华·怀特（1930—1967），美国宇航员，首位完成太空漫步的美国人，后来死于"阿波罗1号"事故。

241 詹姆斯·麦克迪维特（1929年至今）美国飞行员、宇航员、空军准将。

242 布鲁斯·麦坎德利斯（1937—2017），美国宇航员，航天工程师。

243 罗伯特·李·斯图尔特（1942年至今），美国宇航员、试飞员。

244 维吉尔·古斯·格里森（1926—1967），美国航天员，美国水星计划7名宇航员之一，在"阿波罗1号"事故中不幸遇难。

245 罗杰·查菲（1935—1967），美国航天员，在"阿波罗1号"事故中不幸遇难。

246 唐纳德·戴维斯（1924—2000），英国计算机学家，分组交换概念的提出者。

247 劳伦斯·罗伯茨（1937—2018），美国计算机学家，被称为"阿帕网之父"。

248 韦斯利·克拉克（1927—2016），美国物理学家，第一台个人计算机（PC）的发明者。

249 蒂姆·伯纳斯-李（1955年至今），英国计算机科学家，2017年图灵奖得主，万维网的发明者和MIT计算机科学及人工智能实验室创办主席。

250 瓦尔特·席拉（1923—2007），美国宇航员，是唯一一位参与过美国早期所有载人航天计划（水星、双子座和阿波罗计划）的宇航员。

251 威廉·安德斯（1933年至今），美国宇航员。

252 尼尔·阿姆斯特朗（1930—2012），美国宇航员、试飞员、飞行员，"阿波罗11号"指令长，首位登上月球的人类。

253 巴兹·奥尔德林（1930年至今），美国宇航员、飞行员，"阿波罗11号"登月舱驾驶员。

254 迈克尔·柯林斯（1930年至今），美国宇航员、空军少将，"阿波罗11号"指令舱驾驶员。

255 尤金·拉里（1934—2014），美国航天工程师，现代航天器导航技术的奠基者。

256 乔治·史密斯（1930年至今），美国物理学家，CCD发明者之一，2009年诺贝尔物理学奖得主。

257 威拉德·博伊尔（1924—2011），加拿大物理学家，CCD发明者之一，2009年诺贝尔物理学奖得主。

258 史蒂芬·萨森（1950年至今），美国机电工程师，数码相机的发明者。

259 布拉德福·史密斯（1931—2018），美国天文学家，多个著名深空探测项目成像系统负责人，土卫十三、海卫八和天卫八的发现者。

260 这种远离现象源自于潮汐力。潮汐力的存在耗散了地球的自转动能，减缓了月球的绕转速度，导致月球远离地球。

261 协调世界时，即UTC，世界上通行的主要时间标准，以原子时秒长为基础，时刻接近格林威治标准时间，UTC比北京时间慢8小时。

262 沃尔夫冈·泡利（1900—1958），奥地利理论物理学家，量子力学先驱之一，1945年诺贝尔物理学奖得主。泡利提出的不相容原理和自旋理论是当今物质结构和化学的基础。

263 约翰·巴考尔（1934—2005），美国天体物理学家，太阳中微子问题的解决者。

264 雷蒙德·戴维斯（1914—2006），美国化学家、物理学家，2002年诺贝尔物理学奖得主。

265 皮特·康莱德（1930—1999），美国宇航员，"阿波罗12号"成员，第三位登上月球的人。

266 乔治·斯穆特（1945年至今），美国大体物理学家、宇宙学家，2006年诺贝尔物理学奖得主。

267 贺拉斯·巴布科克（1912—2003），美国天文学家，自适应光学理论的提出者，1958年爱丁顿奖章得主。

268 路易斯·阿尔瓦雷茨（1911—1988），西班牙裔美籍物理学家，1968年诺贝尔物理学奖得主，被誉为20世纪最伟大的实验物理学家之一。

269 弗兰克·克劳福德（1923—2003），美国物理学家。

270 罗杰·安吉尔（1941年至今），英国裔美籍天文学家。

271 托马斯·爱迪生（1847—1931），美国发明家、企业家，世界上首位使用大批量生产和电气工程方式进行设计的发明家。爱迪生也被誉为"发明大王"，一生创造了两千多项发明，其中最著名的是电灯、有声电影和留声机。爱迪生也是通用电气公司创始人。

272 尼尔斯·克里斯腾（1865—1952），丹麦裔美籍发明家，O形圈、螺旋桨、空气压缩机和汽车制动装置的发明者。

273 埃里克·弗休姆（1957年至今），美国物理学家、工程师，CMOS传感器的发明者。

274 大卫·麦凯（1936—2013），美国天文学家，NASA约翰逊航天中心天体生物学首席科学家。

275 卡尔·萨根（1934—1996），美国天文学家，天体生物学的先驱和SETI项目的发起者，被誉为最成功的科幻科普作家。

276 大卫·斯科特（1932年至今），美国宇航员，第七位登上月球的人。

277 20/20是美国Snellen视力标准，即站在20英尺处读视力表得分。相当于中国旧国标的1.0视力或缪氏法的5.0视力，属于正常视力。

278 威廉·博鲁茨基（1939年至今），美国空间科学家，阿波罗计划隔热板的设计者，开普勒计划领导者，2015年邵逸夫天文学奖得主。

279 2019年2月13日，由于无法与探测器取得联系，NASA正式宣布结束"机遇号"火星探测器的使命。自2004年1月25日安全着陆火星表面以来，"机遇号"已经在火星上运作了15年。

280 曼加里安是印地语中火星飞船的意思。

281 约瑟夫·韦伯（1919—2000），美国物理学家，最早普及激光和脉泽原理的科学家，发明了第一款引力波探测器韦伯棒。

282 阿尔伯特·迈克尔逊（1852—1931），波兰裔美籍物理学家，恒星干涉仪、光学干涉仪的发明者，因迈克尔逊-莫雷实验测量出光速而闻名，1907年诺贝尔物理学奖得主。

283 埃隆·马斯克（1971年至今），南非裔企业家，SpaceX、特斯拉汽车和Paypal的创办者。

资料来源

本书的信息主要源自于我自己的专业知识以及一些其他重要的来源，包括 NASA、史密森学会期刊、Space.com 和 Britannica.com。除了到世界各地的博物馆拜访这些藏品，您还可以通过互联网了解关于它们的更多信息，我推荐以下关键资源作为您旅程的"发射场"！下面展示的信息来源是在某一单独词条中使用的特定来源。图片来源指的是本书内页、封底和海报上的图片。

1 布隆伯斯洞穴的赭石画作

"500,000-Year-Old Homo erectus Engraving Discovered," SciNews (December 4, 2014) • Bradshaw Foundation: bradshawfoundation.com • Chutel, Lynsey, "What the Oldest Drawing Found in South Africa Tells Us About Our Human Ancestors," Quartz Africa (September 16, 2018) • D'Errico, Francesco; Henshilwood, Christopher S.; Watts, Ian, "Engraved Ochres from the Middle Stone Age Levels at Blombos Cave, South Africa," Journal of Human Evolution 57(1): 27–47, July 2009 • Gabbatiss, Josh, "Oldest Drawing Ever Found Discovered in South African Cave, Archaeologists Say," The Independent (September 12, 2018) • St. Fleur, Nicholas, "Oldest Known Drawing by Human Hands Discovered in South African Cave," The New York Times (September 12, 2018)
PHOTO CREDIT: Image © Craig Foster. Courtesy of Professor Christopher Henshilwood.

2 阿布里布兰查德骨牌

Cave Script Translation Project: cavescript.org • Feder, Kenneth L., Encyclopedia of Dubious Archaeology, 2010, Santa Barbara, CA: Greenwood
PHOTO CREDIT: Gift of Elaine F. Marshack, 2005. Courtesy of the Peabody Museum of Archaeology and Ethnology, Harvard University.

3 埃及人的星钟

Bryner, Jeanna, "Ancient Egyptian Sundial Discovered at Valley of the Kings," LiveScience (March 20, 201 3)
PHOTO CREDIT: Wikipedia/Einsamer Schütze. Distributed under the CC BY-SA 3.0 license.

4 内布拉星象盘

Haughton, Brian, "The Nebra Sky Disc—Ancient Map of the Stars," Ancient History Encyclopedia (May 10, 2011)
PHOTO CREDIT: Wikipedia/Anagoria. Distributed under the CC BY-SA 3.0 license.

5 阿米萨杜卡的金星泥板

Khan Academy: khanacademy.org • Novakovic, B., "Senenmut: An Ancient Egyptian Astronomer," Publications of the Astronomical Observatory of Belgrade 85: 19–23, 2008 • Radeska, Tijana, "The Royal Library of Ashurbanipal Had Over 30,000 Clay Tablets, Among Them Is the Original 'Epic of Gilgamesh,'" The Vintage News (November 30 2016)
PHOTO CREDIT: Wikipedia/Fæ. Distributed under the CC BY-SA 3.0 license.

6 赛内姆特的星图

Ancient Egypt Online: ancient-egypt-online.com • Belmonte, Juan Antonio; Shaltout, Mosalam, "The Astronomical Ceiling of Senenmut: A Dream of Mystery and Imagination," European Society for Astronomy in Culture, 2005 • Belmonte, Juan Antonio; Shaltout, Mosalam, In Search of Cosmic Order: Selected Essays on Egyptian Archaeoastronomy, Supreme Council of Antiquities Press, 2009 • Berio, Alessandro, "The Celestial River: Identifying the Ancient Egyptian Constellations," Sino-Platonic Papers 253, 2014 • The Earth Chronicles of Life: earth-chronicles.com • Mills, Thomas O., "Star Maps and the Secrets of Senenmut: Astronomical Ceilings and the Hopi Vision of Earth," Ancient Origins (November 18, 2016)
PHOTO CREDIT: Courtesy of the Rogers Fund, 1948.

7 麦开特

Ancient Egyptian Astronomy Database: aea.physics.mcmaster.ca • Ancient Pages: ancientpages.com • Louvre Museum: louvre.fr • The Metropolitan Museum of Art: metmuseum.org • Quantum Gaze: quantumgaze.com • WiseGeek: wisegeek.com
PHOTO CREDIT: Wikipedia/Rama. Distributed under the CC BY-SA 3.0 France license.

8 尼姆鲁德透镜

The British Museum: britishmuseum.org • Holloway, April, "Is the Assyrian Nimrud Lens the Oldest Telescope in the World?," Ancient Origins (February 24, 2014) • Whitehouse, David, "World's Oldest Telescope?," BBC News (July 1, 1999)
PHOTO CREDIT: Courtesy of the British Museum.

9 古希腊浑仪

MacTutor History of Mathematics Archive: history.mcs.st-and.ac.uk • The Metropolitan Museum of Art
PHOTO CREDITS: Peter Horree/Alamy Stock Photo. Inset: Wikipedia/-Merce-. Distributed under the CC BY-SA 3.0 license.

10 照准仪

Kotsanas Museum of Ancient Greek Technology: kotsanas.com • Roman Aqueducts: romanaqueducts.info
PHOTO CREDITS: Drawing by Jack Dunnington (reconstruction of Heron's dioptra). Inset: Reconstruction of a Dioptra by Jens Kleb, Erfurt, Germany, 2014.

11 安提基西拉机械

Antikythera Mechanism: antikytheramechanism.com • European Physical Society: epsnews.eu • National Archaeology Museum: namuseum.gr/en • Trimmis, K. P., "The Forgotten Pioneer: Valerios Stais and His Research in Kythera, Antikythera, and Thessaly," *Bulletin of the History of Archaeology* 26(1), 2016
PHOTO CREDITS: Wikipedia/Tilemahos Efthimiadis. Distributed under the CC BY-SA 2.0 license. *Inset:* Have Camera Will Travel | Europe/Alamy Stock Photo.

12 喜帕恰斯星图

Burnham, Robert, "Hipparchus's Sky Catalog Found," *Astronomy* (January 13, 2005)
PHOTO CREDITS: adam eastland/Alamy Stock Photo. *Inset:* Courtesy of Architectura database (architectura.cesr.univ-tours.fr).

13 星盘

Consortium for History of Science, Technology, and Medicine: chstm.org • The Mariners' Museum and Park: exploration.marinersmuseum.org
PHOTO CREDITS: Wikipedia/Sage Ross. Distributed under the CC BY-SA 3.0 license.

14 敦煌星图

Bonnet-Bidaud, Jean-Marc; Praderie, Françoise; Whitfield, Susan, "The Dunhuang Chinese Sky: A Comprehensive Study of the Oldest Known Star Atlas," *Journal of History and Heritage* 12(1): 39–59, 2009 • The Iris: blogs.getty.edu/iris • Khan Academy
PHOTO CREDIT: Public Domain.

15 阿尔·花拉子密的代数书

Today I Found Out: todayifoundout.com • World Digital Library: wdl.org
PHOTO CREDITS: Public Domain (both images).

16 德累斯顿抄本

Vance, Erik, "Have We Been Misreading a Crucial Maya Codex for Centuries?," *National Geographic* (August 23, 2016)
PHOTO CREDITS: Wikipedia/Linear77. Distributed under the CC BY-SA 3.0 license.

17 查科峡谷的日光匕首

Exploratorium: exploratorium.edu • Imaging Research Center: irc.umbc.edu
PHOTO CREDIT: Charles Walker Collection/Alamy Stock Photo.

18 乔瓦尼·德·多迪的天象仪

Poulle, E., "Book Review: The De' Dondi Astrarium," *Journal for the History of Astronomy* 20, 1989
PHOTO CREDITS: Wikipedia/Pippa Luigi/ Museo nazionale della scienza e della tecnologia Leonardo da Vinci, Milano. Distributed under the CC BY-SA 4.0 license.

19 比格霍恩的巫轮石阵

Hill, Pat, "The Mystery of the Big Horn Medicine Wheel," *Montana Pioneer*, May 2012 • Stanford Solar Center: solar-center.stanford.edu • US Department of Agriculture Forest Service: fs.usda.gov
PHOTO CREDITS: Photo Courtesy of Richard Collier, Wyoming State Historic Preservation Office. *Inset:* Drawing by Jack Dunnington (after an image from thescientificodyssey.typepad.com.

20 昂西塞姆之石

Garber, Megan, "Thunderstone: What People Thought About Meteorites Before Modern Astronomy," *The Atlantic* (February 15, 2013) • Horejsi, Martin, "Ensisheim! The King of Meteorites," Meteorite Times Magazine (November 1, 2010) • Marvin, U. B., "The Meteorite of Ensisheim—1492 to 1992," *Meteoritics* 27, 28–72, 1992 • Rowland, I. D., "A Contemporary Account of the Ensisheim Meteorite, 1492," *Meteoritics* 25(1): 19, 1990 • Science Photo Library: sciencephoto.com
PHOTO CREDITS: Wikipedia/Daderot. Distributed under the CC BY-SA 2.0 license. *Inset:* Public Domain.

21 《天体运行论》

DeMarco, Peter, "Book Quest Took Him Around the Globe," *Boston Globe* (April 13, 2004) • Wilford, John Noble, "Chasing Copernicus," *The New York Times* (July 18, 2004) • University of Glasgow Special Collections: special.lib.gla.ac.uk
PHOTO CREDIT: Public Domain.

22 第谷的墙式象限仪

Horrocks, Jeremiah, "The Transit of Venus and the 'New Astronomy' in Early Seventeenth-Century England," *Quarterly Journal of the Royal Astronomical Society* 31: 333, 1990 • National Center for Atmospheric Research, High Altitude Observatory: www2.hao.ucar.edu
PHOTO CREDIT: Public Domain.

23 伽利略望远镜

Kestenholz, Daniel, "The Focal Length Closest to the Human Eye," Photography Daily Theme (September 29, 2012) • Universe Today: universetoday.com
PHOTO CREDITS: Getty Images/Leemage/Contributor. *Inset:* Public Domain.

24 对数计算尺

History-Computer: history-computer.com • Just Collecting, Space Memorabilia: justcollecting.com/space-memorabilia • Space Flown Artifacts: spaceflownartifacts.com
PHOTO CREDITS: NASA. *Inset:* Wikipedia/Joe Haupt.

25 目镜测微计

Kaler, James B., Professor Emeritus of Astronomy, University of Illinois: stars.astro.illinois.edu • Mayer, Christian, "Directory of All Hitherto Discovered Doubled Stars," 1781 (accessed at spider.seds.org) • Niemela, V., "A Short History and Other Stories of Binary Stars," IX Latin American Regional IAU Meeting: Focal Points in Latin American Astronomy, Tonantzintla, Mexico (November 9–13, 1998)
PHOTO CREDITS: Public Domain (both images).

26 转仪钟

Biography: biography.com
PHOTO CREDITS: A. Duro/ESO. *Inset:* Courtesy of Judy Cleland Bergen.

27 子午仪

Nielsen, Axel V., "Ole Rømer and his Meridian Circle," *Vistas in Astronomy* 10 (Arthur Beer, ed.), Pergamon Press
PHOTO CREDIT: Wikipedia/Tsui. *Inset:* Distributed under the CC BY-SA 3.0 license.

28 斯基德波尼人的星图

Ancient Pages • Gustavus Adolphus College Physics Department: physics.gac.edu • Pasztor, Emilia; Rosland, Curt, "An Interpretation of the Nebra Disc," *Antiquity* 81(312): 267–78, 2007 • Pawnee Nation of Oklahoma: pawneenation.org
PHOTO CREDIT: Heritage Image Partnership Ltd./Alamy Stock Photo.

29 观测太阳的烟熏玻璃

Historic New England: historicnewengland.org
PHOTO CREDITS: Public Domain. *Inset:* Wikipedia/Eclipse Glasses. Distributed under the CC BY-SA 3.0 license.

30 陀螺仪

photo credits: NASA. Inset: Distributed under the GNU Free Documentation License

31 电池

The British Museum • Deffner, Sebastian; Ibrahim, Muhammed, "Static Electricity's Tiny Sparks," The Conversation (January 6, 2017; accessed at phys.org) • Frank, Harvey; Halpert, Gerald; Surampudi, Subbarao, "Batteries and Fuel Cells in Space," Interface, The Electrochemical Society, Fall 1999 • Hubble Space Telescope: spacetelescope.org • Meyer, Michal, "Leyden Jar Battery," Distillations, Science History Institute (May 18, 2012)
PHOTO CREDITS: Van Leest Antiques, Utrecht (Leyden Jar). Wikipedia/GuidoB (Volta Battery); distributed under the CC BY-SA 3.0 license.

32 罗齐埃和阿朗德的热气球

Century of Flight: century-of-flight.net • CERN: cern.ch • Linda Hall Library: lindahall.org • Millikan, R. A.; Cameron, G. H., "The Origin of Cosmic Rays," *Physical Review* 32(533), 1928 • Pfotzer, G., "History of the Use of Balloons in Scientific Experiments," *Space Science Reviews* 13(2): 199–242, 1972 • This Day In Aviation: thisdayinaviation.com
PHOTO CREDIT: Public Domain.

33 威廉·赫歇尔的40英尺望远镜

Earth & Sky: earthsky.org • Herschel, William, "Catalogue of One Thousand New Nebulae and Clusters of Stars," *Philosophical Transactions of the Royal Society*, 1786 (accessed at royalsocietypublishing.org) • Peterson, Caroline Collins, "Meet William Herschel: Astronomer and Musician," ThoughtCo (July 3, 2019) • Science History Institute • Science Museum Group: sciencemuseum.org.uk
PHOTO CREDIT: Public Domain. Courtesy of The University of Chicago Library.

34 分光镜
Fraunhofer-Gesellschaft: fraunhofer.de/en • Hiroshi Sugimoto: sugimotohiroshi.com • Lord Rayleigh, "Newton as an Experimenter," *Proceedings of the Royal Society of London* 131(864): 224–230, 1943 • New World Encyclopedia: newworldencyclopedia. org
PHOTO CREDITS: Public Domain (both images).

35 达盖尔银版照相机
APS News, American Physical Society: aps.org • Hastings Historical Society: hastings-istoricalsociety.blogspot.com • Lights in the Dark by Jason Major: lightsinthedark.com • Taylor, Alan, "The Gift of the Daguerreotype," *The Atlantic* (August 19, 2015) • Trombino, Don, "Dr John William Draper," *Journal of the British Astronomical Association* 90: 565–571, 1980
PHOTO CREDITS: Public Domain (both images).

36 太阳能电池板
Espinoza, Javier, "Private Players Plug In to the Green Energy Revolution," *Financial Times* (November 28, 2018) • Love, Zen, "The First Solar-Powered Watch Was Far Ahead of Its Time," Gear Patrol (May 20, 2019) • PV Lighthouse: www2. pvlighthouse.com.au • Solar Cell Central: solarcellcentral.com
PHOTO CREDITS: NASA. *Inset:* Anthony Skelton.

37 帕森斯镇的利维坦
Khan, Amina, "At Mt. Wilson, Scientists Celebrate 100th Birthday of the Telescope that Revealed the Universe," *Los Angeles Times* (November 1, 2017) • Messier Objects: messier-objects.com • Palomar Observatory: astro.caltech.edu
PHOTO CREDITS: Jared Enos. *Inset:* Public Domain.

38 克鲁克斯管
Molecular Expressions: micro.magnet.fsu.edu • National High Magnetic Field Laboratory: nationalmaglab.org • North Arizona University Electron Microanalysis: www2.nau.edu/micro-analysis/wordpress • Sella, Andrea, "Aston's Mass Spectrograph," Chemistry World (July 3, 2014) • Thomson, Joseph John, "Rays of Positive Electricity," *Proceedings of the Royal Society* 89, 1913
PHOTO CREDITS: Wikipedia/D-Kuru. Distributed under the CC BY-SA 3.0 license. *Inset:* Public Domain.

39 三极真空管
Electronics Notes: electronics-notes.com • Engineering and Technology History: ethw. org
PHOTO CREDIT: Wikipedia/Gregory F. Maxwell. Distributed under the GNU Free Documentation License.

40 离子火箭发动机
Google Patents: patents.google.com
PHOTO CREDITS: NASA (both images).

41 胡克望远镜
Amazing Space: history.amazingspace.org • American Society of Mechanical Engineers: asme.org • Mount Wilson Observatory: mtwilson.edu • SpaceWatchtower: spacewatchtower.blogspot.com
PHOTO CREDIT: Wikipedia/Ken Spencer. Distributed under the CC BY-SA 3.0 license.

42 戈达德的火箭
PHOTO CREDITS: NASA. *Inset:* NASA.

43 范德格拉夫起电机
Architectural Afterlife: architecturalafterlife.com • Lewis, Tanya, "Incredible Technology: How Atom Smashers Work," LiveScience (August 12, 2013) • Photographs of abandoned places, by Tom Kirsch: opacity.us
PHOTO CREDITS: AIP Emilio Segrè Visual Archives. *Inset:* Public Domain.

44 日冕仪
PHOTO CREDITS: ESO. *Inset:* NASA.

45 央斯基的 "旋转木马"
American Astronomical Society: aas.org • National Radio Astronomy Observatory: nrao. edu
PHOTO CREDIT: NRAO/AUI/NSF

46 TV-2火箭
Dean, James, "65 Years Ago, Cape Took Flight with Bumper 8," *Florida Today* (July 25, 2015) • Evans, Ben, "A Bumper Crop: The Cape's First Roar of Rocket Engines," AmericaSpace (June 24, 2012) • Messier, Doug, "Where the Space Age Really Began," Parabolic Arc (October 3, 2016) • This Day In Navigation
PHOTO CREDITS: Wikipedia/NASA/US Army. *Inset:* Wikipedia/Bairuilong.

47 埃尼阿克
Farrington, Gregory C., "ENIAC: The Birth of the Information Age," *Popular Science*, March 1996 • IBM: ibm.com • "When Computer Bugs Were Actual Insects," OpenMind (November 2, 2015)
PHOTO CREDIT: Public Domain. *Inset:* Wikipedia/IBM Italia. Distributed under the CC BY-SA 4.0 license.

48 巨像计划马克2号
Oak Ridge National Laboratory: ornl.gov • Stanford University Computer Science: cs.stanford.edu
PHOTO CREDIT: Wikipedia/lbonzer. Distributed under the CC BY-SA 3.0 license.

49 射电干涉仪
Abshier, Jim, "Amateur Radio Astronomy: 400 MHz Interferometer," *Reflections of the University Lowbrow Astronomers*, March 2007 (accessed at umich.edu) • Bai, Xuening, "Radio Interferometry," Princeton University Department of Astrophysical Sciences, May 2011 (accessed at web.astro.princeton.edu) • Bemis, Ashley; Braatz, Jim; Pack, Alison, "Introduction to Radio Interferometry," National Radio Astronomy Observatory (March 16, 2015; accessed at science.nrao.edu)
PHOTO CREDITS: World History Archive/Alamy Stock Photo. *Inset:* ALMA (NRAO/ESO/NAOJ); C. Brogan, B. Saxton (NRAO/AUI/NSF). Distributed under the CC By-SA 3.0 license.

50 防热盾
Freudenrich, Craig, "How Project Mercury Worked," HowStuffWorks.com (May 4, 2001) • Port, Jake, "How Do Heat Shields on Spacecraft Work?," *Cosmos* (May 4, 2016)
PHOTO CREDITS: Smithsonian National Air and Space Museum. *Inset:* NASA.

51 集成电路
PHOTO CREDIT: NASA.

52 原子钟
Chen, Sophia, "These Super-Precise Clocks Help Weave Together Space and Time," *Wired* (May 1, 2019) • Earth & Sky • Horton, J. W., "Precision Determination of Frequency," *Proceedings of the Institute of Radio Engineers* 16(2): 137–154, 1928
PHOTO CREDIT: National Institute of Standards and Technology.

53 航天紧固件
PHOTO CREDITS: NASA (both images).

54 氢线射电望远镜
National Radio Astronomy Observatory: nrao.edu • Van de Hulst, H. C.; Muller, C. A.; Oort, J. H., "The Spiral Structure of the Outer Part of the Galactic System Derived from the Hydrogen Emission at 21 cm Wavelength," *Bulletin of the Astronomical Institutes of the Netherlands* 12: 117, 1954
PHOTO CREDITS: Photos courtesy Green Bank Observatory/GBO/AUI/NSF (left page). Benjamin Winkel & HI4PI collaboration (right page).

55 X射线成像望远镜
Chandra X-Ray Observatory: chandra.harvard.edu
PHOTO CREDITS: NASA. *Inset:* Wikipedia/Lucie Green. Distributed under the CC BY-SA 3.0 license.

56 氢弹
Atomic Heritage Foundation: atomicheritage.org • Pappas, Stephanie, "Hydrogen Bomb vs. Atomic Bomb: What's the Difference?," LiveScience (September 22, 2017) • Rathi, Akshat, "Why It's So Difficult to Build a Hydrogen Bomb," Quartz (January 7, 2016)
PHOTO CREDITS: US National Nuclear Security Administration/Nevada Site Office. *Inset:* Wikipedia/Croquant. Distributed under the CC BY-SA 3.0 license.

57 放射性同位素热电机
Jiang, Mason, "An Overview of Radioisotope Thermoelectric Generators," Stanford University Department of Physics, Winter 2013 (accessed at physics.stanford.edu) • US Department of Energy: energy.gov
PHOTO CREDITS: Department of Energy (both images).

58 核热火箭
David Darling: daviddarling.info • National Archives, Pieces of History: prologue. blogs.archives.gov • Taub, J. M., "A Review of Fuel Element Development for Nuclear Rocket Engines," Los Alamos Scientific Laboratory, 1975
PHOTO CREDITS: NASA. *Inset:* Public Domain.

59 "斯普特尼克1号"
PHOTO CREDIT: NASA.

60 "先驱者1号"
Hollingham, Richard, "The World's Oldest Scientific Satellite Is Still in Orbit," *BBC News* (October 6, 2017) • Locklear, Mallory, "Vanguard I Has Spent Six Decades in Orbit, More Than Any Other Craft," Endgadget (March 16, 2018)
PHOTO CREDITS: NASA (both images).

61 "月球3号"
Long, Tony, "Oct. 7, 1959: Luna 3's Images from the Dark Side," *Wired* (October 7, 2011) • Zarya: zarya.info
PHOTO CREDITS: NASA. *Inset: Public Domain.*

62 无穷的环形磁带录音机
Engineering and Technology History • History-Computer • Museum of Magnetic Sound Recording: museumofmagneticsoundrecording.org • The National Valve Museum: r-type.org • Newville, Leslie J., "Development of the Phonograph at Alexander Graham Bell's Volta Laboratory," *Contributions from the Museum of History and Technology, United States National Museum Bulletin* 218, Paper 5: 69–79, 1959 • Stark, Kenneth W.; White, Arthur F., "Survey of Continuous-Loop Magnetic Tape Recorders Developed for Meteorological Satellites," National Aeronautics and Space Administration, 1965
PHOTO CREDITS: Wikipedia/Sanjay Acharya. Distributed under the CC BY-SA 4.0 license. *Inset: NASA.*

63 激光
Maiman, Theodore H., speech at press conference on July 7, 1960 (accessed at hrl.com)
PHOTO CREDITS: ESO/Gerhard Hudepohl. *Inset: CC0.*

64 太空食品
Calderone, Julia, "Astronauts Crave Spicy Food in Space—Here's Why," *Business Insider* (February 6, 2018) • Mental Floss: mentalfloss.com • Sang-Hun, Choe, "Starship Kimchi: A Bold Taste Goes Where It Has Never Gone Before," *The New York Times* (February 24, 2008)
PHOTO CREDITS: NASA (both images).

65 宇航服
"From Mercury to Starliner: The Evolution of the Spacesuit," *NBC News* (February 20, 2017; accessed at nbcnews.com) • Hanson, Roger, "The Armstrong Limit," *Stuff* (August 5, 2016) • Kerrigan, Saoirse, "The Evolution of the Spacesuit: From the Project Mercury Suit to the Aouda.X Human-Machine Interface," *Interesting Engineering* (May 18, 2018) • New Mexico Museum of Space History: nmspacemuseum.org • US Rocket Academy, Citizens in Space: citizensinspace.org
PHOTO CREDIT: NASA.

66 同步卫星2号（3号）
John F. Kennedy Presidential Library and Museum: jfklibrary.org • "*Syncom 3* Is Launched into a Preliminary Orbit; Satellite to Be Moved to Point Over the Pacific to Relay Olympic TV From Tokyo," *The New York Times* (August 20, 1964) • Via Satellite: satellitetoday.com
PHOTO CREDITS: NASA (both images).

67 摄像机
Drew Ex Machina: drewexmachina.com • Hungarian Intellectual Property Office: hipo.gov.hu/en • Space Loot: venusianw.tumblr.com • Teletronic: teletronic.co.uk
PHOTO CREDITS: NASA (left page). Wikipedia/Mike Peel (right page). Distributed under the CC BY-SA-4.0 license.

68 太空毯
Oetken, Nick, "The Benefits of Space Blankets in a Survival Situation," *Outdoor Revival* (March 23, 2018)
PHOTO CREDITS: Panther Media GmbH/Alamy Stock Photo. *Inset: NASA.*

69 手持式载人机动装置
Drake, Nadia, "First Person to Walk Untethered in Space Gives a Final Interview," *National Geographic* (February 7, 2018) • SciHi: scihi.org
PHOTO CREDITS: NASA (both images).

70 "阿波罗1号"舱门（批次1）
PHOTO CREDITS: Smithsonian National Air and Space Museum (left page). NASA (right page).

71 接口信息处理器
Communications Museum Trust: communicationsmuseum.org.uk • Computer History Museum: computerhistory.org • History-Computer • University of California, Los Angeles, Information Studies Research Lab: islab.gseis.ucla.edu • Internet Hall of Fame: internethalloffame.org • "Lo' and Behold: A Communication Revolution," *NPR: All Things Considered* (October 29, 2009) • World Wide Web Foundation: webfoundation.org • Zakon Group: zakon.org
PHOTO CREDIT: Wikipedia/Steve Jurvetson. Distributed under the CC BY 2.0 license.

72 哈苏相机
Hasselblad: hasselblad.com • Phillips, Henry, "Hasselblad's History in Space," *Gear Patrol* • Savov, Vlad, "This Is How the World's Most Covetable Cameras Get Made," *The Verge* (February 6, 2018)
PHOTO CREDIT: NASA (both images).

73 "阿波罗11号"的月岩
Lunar and Planetary Institute: lpi.usra.edu • Roberts, Sam, "How Moon Dust Languished in a Downing Street Cupboard," *The New York Times* (January 13, 2016)
PHOTO CREDIT: Wikipedia/Mitch Ames. Distributed under the CC BY-SA 4.0 international license.

74 电荷耦合元件
Cakebread, Caroline, "People Will Take 1.2 Trillion Digital Photos This Year—Thanks to Smartphones," *Business Insider* (August 31, 2017) • Large Synoptic Survey Telescope: lsst.org • University of Arizona Department of Astronomy and Steward Observatory: as.arizona.edu
PHOTO CREDIT: NASA (both images).

75 月球激光测距后向反射器
Lunar and Planetary Institute
PHOTO CREDIT: NASA.

76 阿波罗月球电视摄影机
Smithsonian National Museum of Natural History: naturalhistory.si.edu • Teital, Amy Shira, "How NASA Broadcast Neil Armstrong Live from the Moon," *Popular Science* (February 5, 2016)
PHOTO CREDIT: NASA (both images).

77 霍姆斯特克金矿的中微子探测器
APS News • Brown, Laurie M., "The Idea of the Neutrino," *Physics Today* 31(9): 23, 1978 • INSPIRE, High-Energy Physics Literature Database: inspirehep.net • Kamioka Observatory Institute for Cosmic Ray Research: http://www-sk.icrr.u-tokyo.ac.jp/index-e.html
PHOTO CREDIT: Science History Images/Alamy Stock Photo.

78 "月球车1号"
Crane, Lea, "First Photo of Chinese Yutu-2 Rover Exploring Far Side of the Moon," *New Scientist* (January 3, 2019) • Zak, Anatoly, "The Day a Soviet Moon Rover Refused to Stop," *Air & Space* (January 18, 2018)
PHOTO CREDIT: SPUTNIK/Alamy Stock Photo.

79 天空实验室的健身单车
Pickrell, John, "Timeline: Human Evolution," *New Scientist* (September 4, 2006) • Power & Speed Training Company: powerspeed-training.com
PHOTO CREDIT: NASA (both images).

80 激光地球动力学卫星
Choi, Charles Q., "Strange But True: Earth Is Not Round," *Scientific American* (April 12, 2007) • Lynch, Peter, "That's Maths: Earth's Shape and Spin Won't Make You Thin," *Irish Times* (November 20, 2014) • Universe Today: universetoday.com
PHOTO CREDITS: NASA. *Inset: Courtesy of the GFZ German Research Centre for Geosciences.*

81 斯穆特的差分微波辐射计
European Space Agency: esa.int • The Nobel Prize: nobelprize.org • Smoot, George F., "Cosmic Microwave Background Radiation Anisotropies: Their Discovery and Utilization," Nobel Lecture (December 8, 2006; accessed at nobelprize.org) • Smoot Group, Berkeley Lab: aether.lbl.gov • Theodora.com
PHOTO CREDITS: NASA (both images).

82 "海盗号"的远程控制采样臂
The Planetary Society: planetary.org
PHOTO CREDIT: NASA.

83 "橡胶镜面"

American Astronomical Society • European Southern Observatory • Lawrence Berkeley National Laboratory (Berkeley Lab): lbl.gov • Olivier, Scot, "A New View of the Universe," *Science & Technology Review*, July/August 1999 • Max, Claire, "Introduction to Adaptive Optics and its History," American Astronomy Society • Sanders, Robert, "Physicist Frank Crawford, Who Worked on Bubble Chambers, Supernovas and Adaptive Optics, Has Died at 79," UC Berkeley News, 2003
PHOTO CREDITS: ESO. *Inset:* ESO/P. Weilbacher (AIP).

84 多光纤光谱仪

Hill, J. M., "The History of Multiobject Fiber Spectroscopy," ASP Conference Series 3 (Fiber Optics in Astronomy): 77, 1988 • Ratcliffe, Martin A., *State of the Universe 2008: New Images, Discoveries, and Events*, New York: Springer, 2008 • Sloan Digital Sky Survey: sdss.jhu.edu
PHOTO CREDITS: Phil Massey, Lowell Obs./NOAO/AURA/NSF. *Inset:* ESO.

85 "金星号"着陆器

Teitel, Amy Shira, "Yes, We've Seen the Surface of Venus," *Popular Science* (January 6, 2015)
PHOTO CREDITS: NASA. *Inset:* Public Domain.

86 "挑战者号"失效的O形密封圈

The Rogers Commission Report (accessed at er.jsc.nasa.gov/seh/explode.html) • Than, Ker, "5 Myths About the *Challenger* Shuttle Disaster Debunked," *National Geographic* (January 22, 2016) • Wise, George, "O-Ring," *Invention & Technology* 25(3): Fall 2010
PHOTO CREDITS: NASA (both images).

87 空间望远镜光轴补偿校正光学系统

Encyclopedia.com • University of Arizona Research, Discovery & Innovation: research.arizona.edu
PHOTO CREDITS: Image by Eric Long, Smithsonian National Air and Space Museum. *Inset:* NASA.

88 互补金属氧化物半导体传感器

B & H Foto & Electronics Corp.: bhphotovideo.com • De Moor, Piet, "CMOS, CCDs Invade Space Imagers," *EE Times* (November 26, 2013) • Pepitone, Julianne, "Chip Hall of Fame: Photobit PB-100," *IEEE Spectrum* (July 2, 2018) • Queen Elizabeth Prize for Engineering: qeprize.org
PHOTO CREDIT: Wikipeia/Weirdmeister. Distributed under the CC BY-SA 4.0 international license.

89 艾伦山陨石

Lunar and Planetary Institute • National Academies of Sciences, Engineering, Medicine: nap.edu
PHOTO CREDITS: NASA (both images).

90 "旅居者号"火星车

PHOTO CREDITS: NASA (both images).

91 引力探测器B

Cho, Adrian, "At Long Last, Gravity Probe B Satellite Proves Einstein Right," *Science* (May 4, 2011) Gugliotta, Guy, "Perseverance Is Paying Off for a Test of Relativity in Space," *The New York Times* (February 16, 2009) • European Southern Observatory • Stanford University W. W. Hansen Experimental Physics Lab, Gravity Probe B: einstein.stanford.edu • Guinness World Records: guinnessworldrecords.com • Hecht, Jeff, "Gravity Probe B Scores 'F' in NASA Review," *New Scientist* (May 20, 2008) • Will, Clifford M., "Viewpoint: Finally, Results from Gravity Probe B," *Physics* 4(43), 2011
PHOTO CREDIT: NASA.

92 激光雷达

Bryan, Thomas C.; Howard, Richard T., "The Next Generation Advanced Video Guidance Sensor: Flight Heritage and Current Development," *AIP Conference Proceedings* 1103(615), 2009 • Carrington, Connie K.; Heaton, Andrew; Howard, Richard T; Pinson, Robin M., "Orbital Express Advanced Video Guidance Sensor, *IEEE Aerospace Conference Proceedings*, 2008 • Christian, John A.; Cryan, Scott, "A Survey of LIDAR Technology and its Use in Spacecraft Relative Navigation," American Institute of Aeronautics and Astronautics: Guidance, Navigation, and Control (GNC) Conference, 2013 • European Space Agency • Frey, Randy W., "LADAR Vision Technology for Automated Rendezvous and Capture," *NASA Automated Rendezvous and Capture Review*, 1991 Hillhouse, Jim, "Orion Rendezvous Technology Launches on Next Shuttle Flight," AmericaSpace (April 5, 2010) • Molebny, Vasyl; McManamon, Paul F.; Steinvall, Ove; Kobayashi, Takao; Chen, Weibiao, "Laser Radar: Historical Prospective—from the East to the West," *Optical Engineering* 56(3), 2016 • *Selected Highlights from 25 Years of Missile Defense Technology Development & Transfer: A Technology Applications Report* (accessed at discover.dtic.mil) • Sensors Unlimited: sensorsinc.com • Space Foundation: spacefoundation.org • Szondy, David, "ESA Tests New Rendezvous System as ATV-5 Docks at Space Station," New Atlas (August 13, 2014)
PHOTO CREDITS: NASA (both images).

93 大型强子对撞机

Conover, Emily, "The Large Hadron Collider Is Shutting Down for 2 Years," ScienceNews (December 3, 2018) • Fermilab: fnal.gov • "Large Hadron Collider," *symmetry: dimensions of particle physics* (August 1, 2006) • Worldwide LHC Computing Grid: wlcg-public.web.cern.ch
PHOTO CREDIT: Maximilien Brice, CERN. Distributed under the CC BY-SA 3.0 license.

94 开普勒空间望远镜

Alonso, Roi; Deeg, Hans J., "Transit Photometry as an Exoplanet Discovery Method," *Handbook of Exoplanets*, New York: Springer, 2018 • Clery, Daniel, "Kepler, NASA's Planet-Hunting Space Telescope, Is Dead," *Science* (October 30, 2018) • Gary, Dale E., "Astrophysics I: Lecture 10, Search for Extrasolar Planets" (accessed at web.njit.edu) • Juncher, Diana, "How Do Scientists Find New Planets?," ScienceNordic (January 12, 2018) • The Planetary Society • Wehner, Mike, "NASA's Kepler Just Spotted 18 New Earth-Sized Planets, but Only One Is Worth Dreaming About," BGR (May 23, 2019)
PHOTO CREDITS: NASA (left page). NASA Ames/SETI Institute/JPL-Caltech (right page).

95 "好奇号"火星车

Kerr, Dara, "Viewers Opted for the Web Over TV to Watch Curiosity's Landing," *CNET* (August 8, 2012)
PHOTO CREDITS: NASA. *Inset:* NASA/JPL-Caltech/LANL.

96 "曼加里安号"——火星轨道飞行器任务

PHOTO CREDIT: Getty Images/Pallava Bagla.

97 3D打印的棘轮扳手

SpaceX: spacex.com
PHOTO CREDIT: NASA.

98 激光干涉引力波天文台

Blair, David, "New Detections of Gravitational Waves Brings the Number to 11—so Far," The Conversation (December 3, 2018) • Brooks, Michael, "Grave Doubts Over LIGO's Discovery Of Gravitational Waves," *New Scientist* (October 31, 2018) • Event Horizon Telescope: eventhorizontelescope.org • Francis, Matthew, "The Dawn of a New Era in Science," *The Atlantic* (February 11, 2016) • Gretz, Darrell J., "Early History of Gravitational Wave Astronomy: The Weber Bar Antenna Development," Forum on the History of Physics Newsletter, Spring 2018 • LIGO Laboratory: ligo.caltech.edu • Lindley, David, "A Fleeting Detection of Gravitational Waves," *Physical Review Focus* 16(19), 2005 • O'Neill, Ian, "Gravitational Waves vs. Gravity Waves: Know the Difference!," LiveScience (February 11, 2016) • Siegfried, Tom, "Einstein's Genius Changed Science's Perception of Gravity," ScienceNews (October 4, 2015) • Woodford, Chris, "Interferometers," ExplainThatStuff! (November 5, 2018)
PHOTO CREDITS: Christian Offenberg/Alamy Stock Photo. *Inset:* Public Domain.

99 特斯拉跑车

"NASA Budgets: US Spending on Space Travel Since 1958," *Guardian* Data Blog
PHOTO CREDIT: Public Domain.

100 事件视界望远镜

European Southern Observatory
PHOTO CREDIT: EHT Collaboration.

致谢

如果没有 Experiment 出版社的编辑 Nicholas Cizek 的建议和支持，这本复杂的书是无法完成的。仅仅为了完成目录就花了好几个月的时间，打了 4 份草稿！还有 Experiment 出版团队的其他成员，包括设计师 Beth Bugler 和 Jack Dunnington，负责繁复编排工作的 Zach Pace 和 Pamela Schechter，一流的编辑和校对 Nancy Elgin 和 Allison Dubinsky，以及帮我润色作品的 Jennifer Hergenroeder 和 Ashley Yepsen，在此致以最诚挚的谢意！

我还要感谢约翰·马瑟为本书撰写序言。他对本书中记录的一些历史事件有着卓越贡献。很高兴于 1991 年在 COBE 任务中与他相遇，多年来一直与他保持诚挚的友谊。

最后，我要感谢我的家人，当我痴迷地谈论这 100 件物品时，当我迷失在我写作的短文细节中时，在我无数次重复同样的过程时，很感谢他们对我的支持和理解。

关于作者

施滕·奥登瓦尔德博士是一位获奖无数的天体物理学家和著作等身的科普作家，他参与了 COBE、IMAGE、"日出号"和"洞察号"任务，以及 NASA 太阳 – 地球连接教育论坛的科学教育工作。他目前是位于戈达德太空飞行中心的 NASA 太空科学教育联盟公众科学事务总监。

图书在版编目（CIP）数据

观空：改变世界的100个太空发明 / (美) 施滕·奥
登瓦尔德著；支挥译. -- 北京：北京联合出版公司，
2021.1

　ISBN 978-7-5596-4700-9

　Ⅰ. ①观… Ⅱ. ①施… ②支… Ⅲ. ①天文学 - 普及
读物 Ⅳ. ①P1-49

　中国版本图书馆CIP数据核字(2020)第219695号

观空：改变世界的100个太空发明

作　　者	[美]施滕·奥登瓦尔德
译　　者	支　挥
出 品 人	赵红仕
责任编辑	孙志文
项目策划	紫图图书 ZITO®
监　　制	黄　利　万　夏
特约编辑	路思维　常　坤
营销支持	曹莉丽
版权支持	王秀荣
装帧设计	紫图图书 ZITO®

北京联合出版公司出版
（北京市西城区德外大街83号楼9层　100088）
艺堂印刷（天津）有限公司印刷　新华书店经销
字数150千字　710毫米×1000毫米　1/16　15印张
2021年1月第1版　2021年1月第1次印刷
ISBN 978-7-5596-4700-9
定价：128.00元